Free Style !

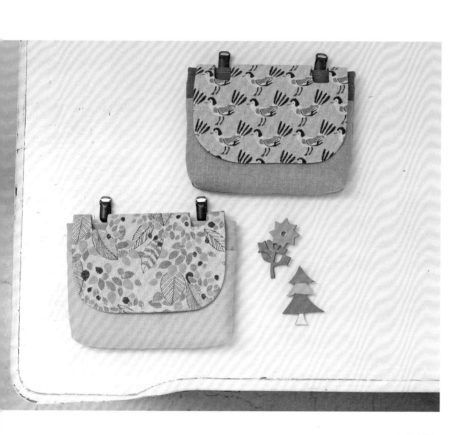

Free Style!

手作 **39**款 可動式**收納包**

BOUTIQUE-SHA ◎授權

Special Point

令人開心又時尚！大人＆小孩都ok！
戴起來很可愛！
使用起來很便利！
可以自由移動口袋
「喀嚓！」別在腰間簡單帶著走！

固定夾提供
（株）KAWAGUCHI ☎03-3241-2101

攝影協力
內野（株）☎03-3661-7501
JAMCOVER East Tokyo ☎03-3865-6056
JAMCOVER Takasaki ☎027-384-8498
（株）KINT PLANNER ☎03-3792-4136
patternshop snowwing
MILKA ☎0422-26-5432

STAFF
攝影／新井久子・矢島悠子
攝影／山本倫子
妝髮／三輪昌子
書籍設計／八木孝枝（Studio Dunk）
作法繪圖／長浜恭子

CONTENTS

可動式收納包的使用方法

當穿上沒有口袋的洋裝或想要輕便出門時，
可動式收納包最好用了！
裝入手帕、面紙、OK繃或護唇膏等小物，
夾在當日下著的腰帶上就可以出門囉！
固定夾的設計不僅穿戴便利，
只需每日夾上，換包包也不用拿出小物，
還能防止遺忘東西！
如此方便的口袋，也有大人專用的設計款喔！
如果發現了喜歡的樣式，
就立刻動手作作看吧！

打開袋蓋後……

口袋＋面紙套的設計
讓外出時可以清爽地收納瑣碎物品。
本書還有其他各種設計款喔！

固定夾

面紙套

口袋

媽咪和我都戴著
可動式收納包！

使用方法超簡便！

只要以固定夾「喀嚓」地
夾在腰帶處即可，
小朋友也能自行穿戴喔！

固定夾的用法

以此處夾住褲子
或裙子的腰帶處。

打開壓釦
取下固定夾。

可配合布料選擇固定
夾顏色，有白色、藍
色、粉紅色、咖啡
色、黑色，共五色可
選擇。

後側

只要加上這道車線，
固定夾就不會亂跑囉！

固定夾連接處就像這樣。洗滌時
可將固定夾取下，不裝上固定夾
時也可以當成一般收納包使用。

也有附哨子的
款式喔！

哨子 →

固定夾單側有哨子，
遇到緊急情況時也可以使用。
也有可取下哨子的款式，
但只有白色。

可動式收納包專用夾／（株）KAWAGUCHI

安全別針款

以安全別針替代持手的款
式，製作方法相當簡單。
穿著沒有腰帶的洋裝或長
上衣時相當方便！

1

2

髮夾・胸針／
JAMCOVER

OPEN

1.2

因為有袋蓋的保護，就算盡情地玩
耍也不怕裡面的東西掉出來，令人
超安心！在此選用復古可愛風的印
花。

HOW TO MAKE ⇒ P.6

Design & make=hungry bug
固定夾=KAWAGUCHI

掀開袋蓋，面紙套＆
口袋各有一個夾層。

BACK

以色彩豐富的布料製作相當可愛！

3

4

馬口鐵胸章／JAMCOVER
毛巾手帕／野

OPEN

面紙套後面還有口袋喔！

BACK

選擇丹寧布＆條紋布呈現
出休閒風格，再以固定夾
布環的色彩作點綴。

3 . 4

與1‧2相同款式。改以紅色的手
帕風格印花布＆拼布風印花布展現
出活力！

HOW TO MAKE ⇒ P.6

Design & make=hungry bug
固定夾=KAWAGUCHI

1 材料

A布（印花棉布）寬30cm長20cm
B布（印花棉布）寬15cm長15cm
C布（素色木棉布）寬30cm長30cm
可動式收納包專用夾 2個

2 材料

A布（素色木棉布）寬30cm長20cm
B布（印花棉布）寬15cm長15cm
C布（印花棉布）寬30cm長30cm
可動式收納包專用夾 2個

3 材料

A布（丹寧布）寬30cm長20cm
B布（印花棉布）寬15cm長15cm
C布（印花棉布）寬30cm長30cm
可動式收納包專用夾 2個

4 材料

A布（條紋丹寧布）寬30cm長30cm
B布（印花棉布）寬15cm長15cm
C布（素色木棉布）寬30cm長30cm
可動式收納包專用夾 2個

＊在此記載的布料使用寬度與店家販售的布
　寬不同。

＊□中的數字為縫份寬度。除了特別指定處
　之外，裁布時皆請加上1cm縫份。

製圖

本體裡布
（C布・1片）

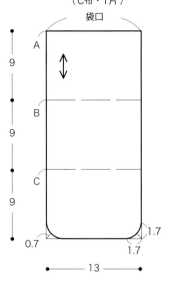

本體表布B
（A布・1片）

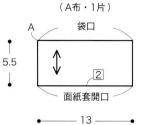

表袋蓋（B布・1片）

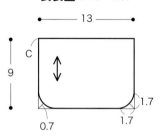

本體表布A（A布・1片）

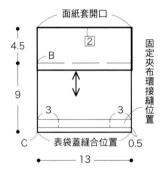

固定夾布環（C布・1片）

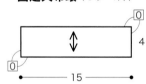

作法

＊以no.2作法進行解說。

1 接縫表袋蓋。

2 製作固定夾布環。

3 縫上固定夾布環。

4 車縫本體表布A的面紙套開口。

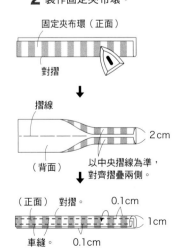

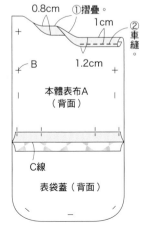

5 摺疊本體表布A。

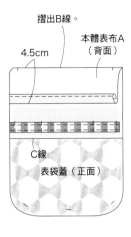

摺出B線。
本體表布A
（背面）
4.5cm
C線
表袋蓋（正面）

6 縫合本體裡布＆
本體表布B。

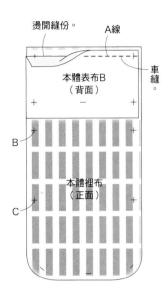

燙開縫份。
A線
本體表布B
（背面）
車縫。
B
本體裡布
（正面）
C

7 車縫本體表布B的面紙套開口。

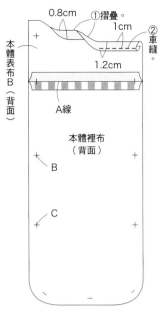

0.8cm
①摺疊。
1cm
②車縫。
1.2cm
本體表布B（背面）
A線
本體裡布（背面）
B
C

8 摺疊本體裡布＆
本體表布B。

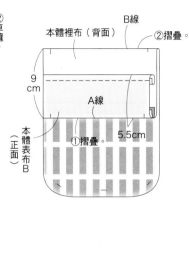

本體裡布（背面）
B線
②摺疊。
9cm
A線
本體表布B（正面）
①摺疊。
5.5cm

9 對齊縫合本體表布＆裡布。

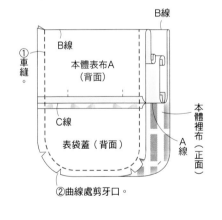

B線
B線
①車縫。
本體表布A（背面）
C線
表袋蓋（背面）
本體裡布（正面）
A線
②曲線處剪牙口。

10 翻回正面。

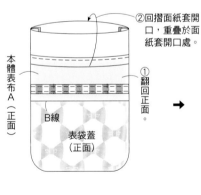

②回摺面紙套開口，重疊於面紙套開口處。
本體表布A（正面）
①翻回正面。
B線
表袋蓋（正面）

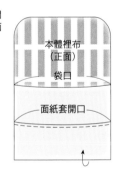

本體裡布（正面）
袋口
面紙套開口

11 裝上固定夾。

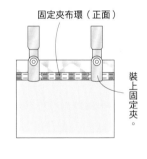

固定夾布環（正面）
裝上固定夾。

完成！

no.1
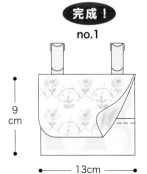
9cm
13cm

no.2
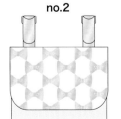

no.3
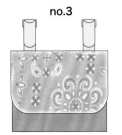

no.4
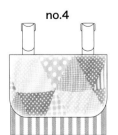

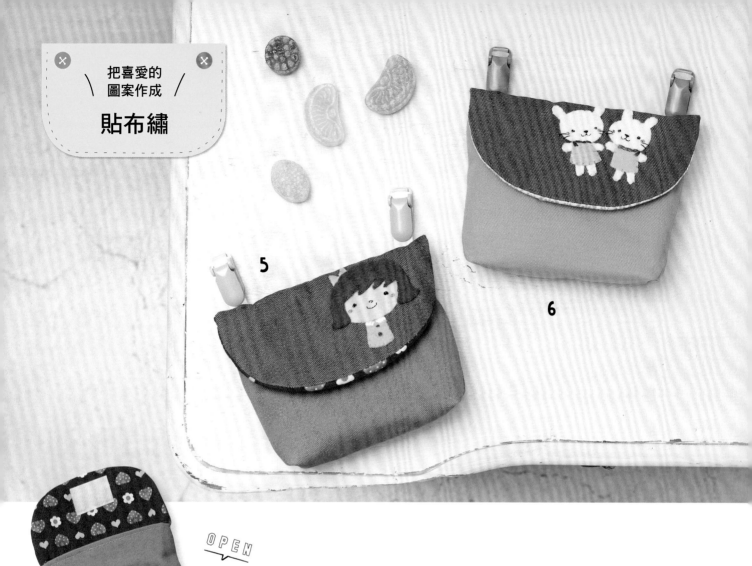

5

6

OPEN

掀開袋蓋後只有一個口
袋，是簡單＆易上手的
基本款。

毛巾手帕／內野

BACK

5.6

將溫暖可愛的小女孩＆兔子作成貼
布繡吧！把喜歡的事物作成貼布
繡，與你時時相伴吧！

HOW TO MAKE ⇨ P.34

Design & make＝powa*powa*
固定夾＝KAWAGUCHI

花朵刺繡的可愛織帶是設計重點。

7.8

紅色汽車＆藍色直升機，小男
孩最喜歡的交通工具變成貼布
繡了！

HOW TO MAKE ⇒ P.34

Design & make=powa*powa*
固定夾=KAWAGUCHI

OPEN

以魔鬼氈開闔袋蓋。

毛巾手帕／內野

T-shirt／KP BOY（KINT
PLANNER） 褲子／
trois lapins BOY（KINT
PLANNER）

BACK

以小鳥刺繡的織帶點綴。

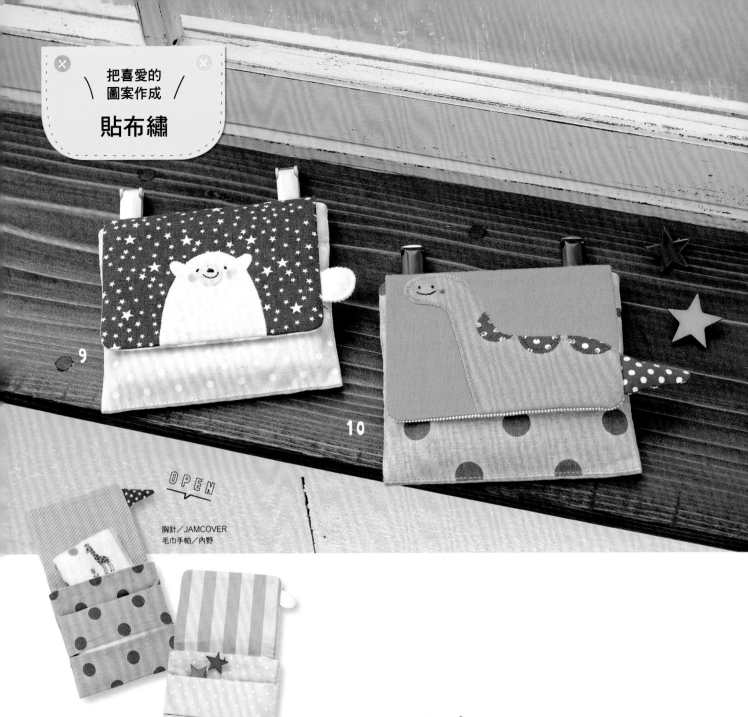

把喜愛的
圖案作成
貼布繡

9

10

OPEN

胸針／JAMCOVER
毛巾手帕／內野

內含兩個口袋的設計，
更便於整理瑣碎小物♪

BACK

使用各種點點布。

9.10

縫上白熊＆恐龍貼布繡的可動式收
納包最適合男孩子了！底布配合貼
布繡的圖案挑選即可。

HOW TO MAKE ⇒ P.38

Design & make=nikomaki*
固定夾=KAWAGUCHI

套頭上衣‧裙子／
KP（KINT PLANNER）

11

髮夾／JAMCOVER

12

11.12

將悠游的魚兒&最愛吃魚的貓咪
作成貼布繡。
從袋蓋邊冒出的尾巴真可愛！

HOW TO MAKE ⇒ P.38

Design & make=nikomaki*
固定夾＝KAWAGUCHI

BACK

稍微外露的尾巴
真可愛！

OPEN

巧妙地結合了
條紋&素色&點點。

毛巾手帕／內野

\ 方便好用！/

無蓋式收納包

OPEN

在大大的袋口處
縫上水兵帶。

13.14

僅靠吊耳簡單固定的設計，
小朋友也能輕易使用，非常受歡迎！
在此選擇了不怕溼的防水加工布。

HOW TO MAKE ⇒ P.42

Design & make＝惣万伸子
固定夾＝KAWAGUCHI

14

13

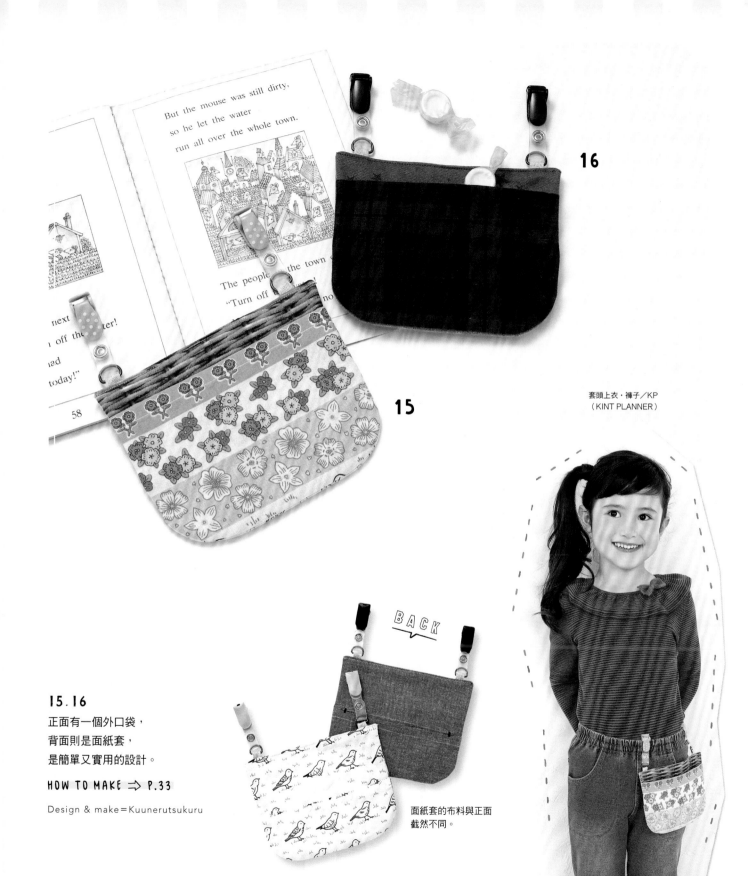

16

15

套頭上衣・褲子／KP
（KINT PLANNER）

15.16

正面有一個外口袋，
背面則是面紙套，
是簡單又實用的設計。

HOW TO MAKE ⇒ P.33

Design & make＝Kuunerutsukuru

BACK

面紙套的布料與正面
截然不同。

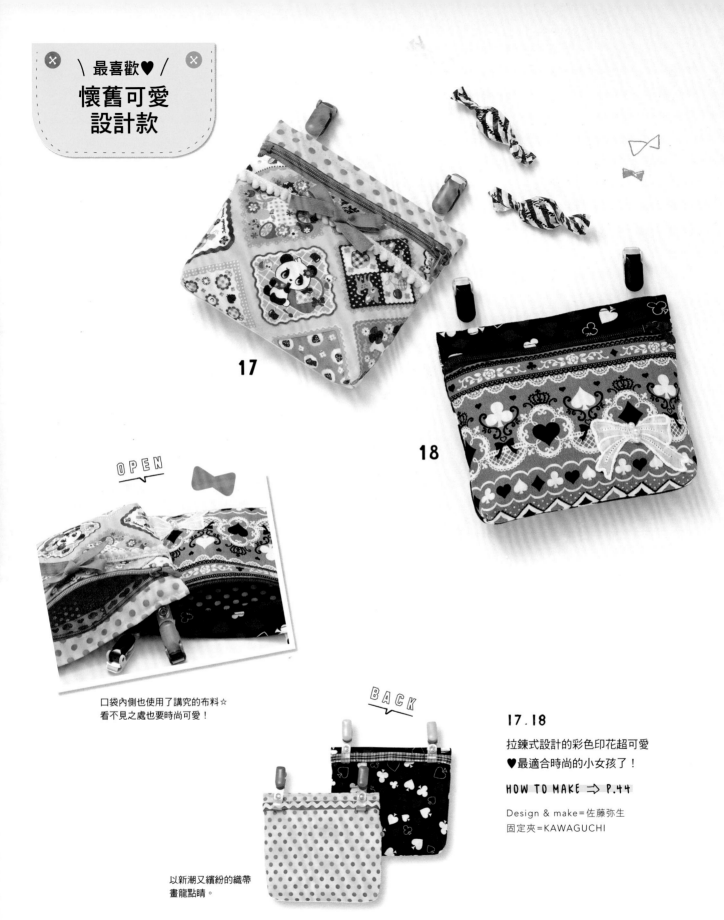

17

18

OPEN

口袋內側也使用了講究的布料☆
看不見之處也要時尚可愛！

BACK

以新潮又繽紛的織帶
畫龍點睛。

17.18

拉鍊式設計的彩色印花超可愛
♥最適合時尚的小女孩了！

HOW TO MAKE ⇒ P.44

Design & make＝佐藤弥生
固定夾＝KAWAGUCHI

20

19.20

愛心＆蕾絲的組合非常可愛♪
是為了在精心打扮的日子使
用，而準備的可動式收納包。

HOW TO MAKE ⇒ P.16

Design & make＝佐藤弥生
固定夾＝KAWAGUCHI

19

套頭上衣‧裙子‧內搭褲／
KP（KINT PLANNER）

BACK

OPEN

固定夾布環也以蕾絲裝飾得
充滿女孩味。

可愛的布料＆漂亮的蕾絲充分表現出
公主般的感覺♡

P.15 19・20

19 材料
A布（印花棉布）寬20cm長30cm
B布（印花棉布）寬20cm長15cm
C布（格子棉布）寬20cm長40cm
布襯 寬35cm長30cm
魔鬼氈 寬3cm長2cm
蕾絲A 寬1cm長20cm
蕾絲B（摺景蕾絲）寬1.5cm長40cm
蕾絲C 寬1.2cm長20cm
人字織帶 寬1cm長20cm
可動式收納包專用夾 2個

20 材料
A布（印花棉布）寬35cm長40cm
B布（印花棉布）寬20cm長15cm
布襯 寬35cm長30cm
魔鬼氈 寬3cm長2cm
蕾絲A 寬1cm長20cm
蕾絲B（摺景蕾絲）寬4cm長35cm
蕾絲C（摺景蕾絲）寬4cm長20cm
人字織帶 寬1cm長15cm
可動式收納包專用夾 2個

＊在此記載的布料使用寬度與店家販售的布
　寬不同。

＊□中的數字為縫份寬度。除了特別指定處
　之外，裁布時皆請加上1cm縫份。

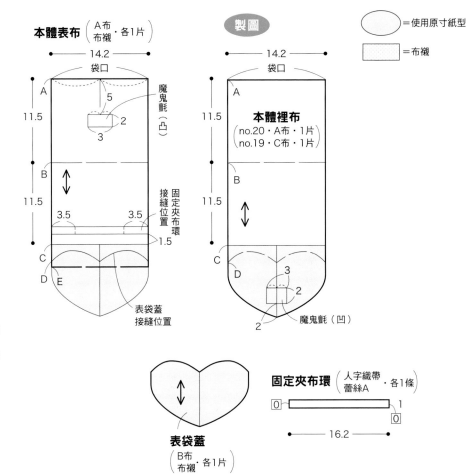

作法　＊在本體表布＆表袋蓋的背面
　　　　燙貼布襯。

1 製作固定夾布環。

2 製作表袋蓋。

3 將表袋蓋、固定夾布環、魔鬼氈、蕾絲接縫於本體表布上。

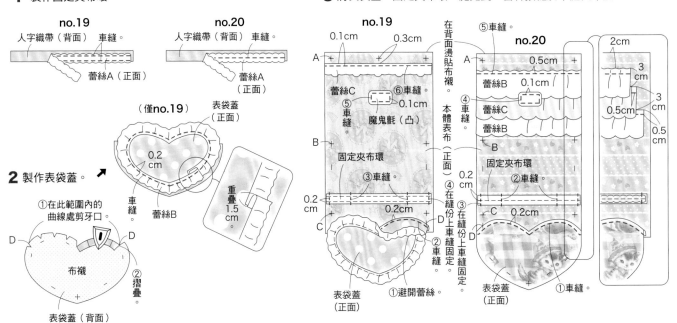

16

4 將魔鬼氈接縫於本體裡布上。

本體裡布（正面）

魔鬼氈（凹）

車縫

0.1cm

5 對齊本體表布＆裡布，車縫袋口。

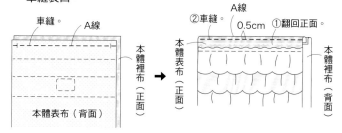

車縫。　　　A線

本體表布（背面）

②車縫。　　A線　　①翻回正面。
　　　　　　0.5cm

本體裡布（正面）　　　　本體表布（正面）　　本體裡布（背面）

7 翻回正面＆進行藏針縫。

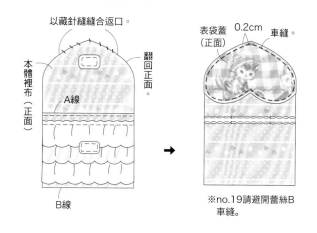

以藏針縫縫合返口。

本體裡布（正面）

A線

B線

翻回正面。

表袋蓋（正面）　　0.2cm　　車縫。

※no.19請避開蕾絲B車縫。

6 將本體的B線如圖示般摺疊後車縫。

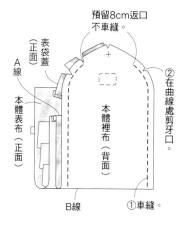

預留8cm返口不車縫。

表袋蓋（正面）

A線

本體表布（正面）

本體裡布（背面）

②在曲線處剪牙口。

B線　　①車縫。

8 裝上固定夾。

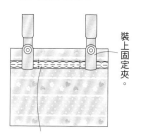

裝上固定夾。

固定夾布環（正面）

完成！

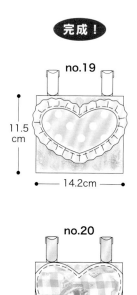

no.19

11.5 cm

14.2cm

no.20

19．20原寸紙型

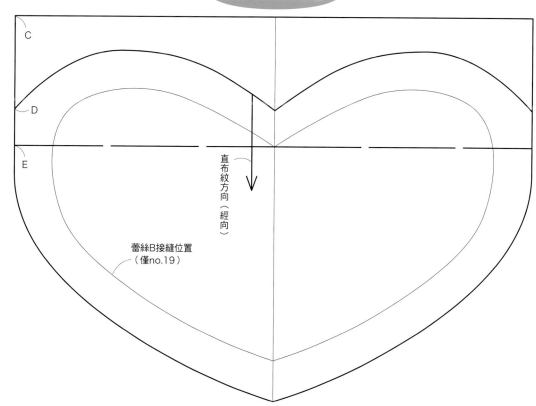

C

D

E

直布紋方向（經向）

蕾絲B接縫位置（僅no.19）

好可愛！
好美味！
食物造型設計款

21

21

似乎很美味的土司收納包，光
是看見就讓人超開心！上方有
方便開闔的拉鍊。

HOW TO MAKE ⇒ P.46

Design & make＝花井仁美
固定夾＝KAWAGUCHI

毛巾手帕／內野
T Shirt／trois lapins BOY（KINT PLANNER）
褲子／KP BOY（KINT PLANNER）

OPEN

包包內還有小口袋。

BACK

背面也有口袋。
搭配上小花織帶
真可愛！

背面也要色彩繽紛！
這裡也有口袋喔！

OPEN

內裡有可以放入各種重
要物品的分類小口袋。

毛巾手帕／內野

22.23

色彩亮麗的普普風杯子蛋糕＆蘋果
造型的可動式收納包。可愛得令人
捨不得使用！

HOW TO MAKE
⇒ 22…P.50 / 23…P.52

Design & make＝花井仁美
固定夾＝KAWAGUCHI

22

23

熊貓．熊熊
貓咪

24.25.26

熊貓、熊熊、貓咪，以柔和的療癒表情變
身可動式收納包啦！就算臉型相同，改變
耳朵＆五官就能成功地表現出特徵。

HOW TO MAKE ⇒ P.56

Design & make= powa*powa*
固定夾＝KAWAGUCHI

裡袋蓋的布料也要
精挑細選喔！

男孩：套頭上衣／trois lapins BOY（KINT PLANNER）
　　　褲子／KP BOY（KINT PLANNER）
女孩：套頭上衣・褲子／KP（KINT PLANNER）

BACK

搭配上市售的
蕾絲＆織帶。

使用
安全別針的
輕便設計！

男生：運動上衣・褲子／
KP BOY（KINT PLANNER）
女生：洋裝／
KP（KINT PLANNER）
襪子・鞋子／
kp DECO（KINT PLANNER）

27.28

利用手邊現有的安全別針就能輕鬆製作的可動式收納包。在面紙套後面還有一個口袋。

HOW TO MAKE ⇒ P.12

Design & make＝惣万伸子

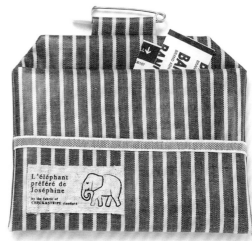

27   **28**

29.30

這是女孩子專用的可愛蘋果＆貓咪款式。材質是不怕溼的防水布料。

HOW TO MAKE ⇒ P.12

Design & make＝惣万伸子

29   **30**

蝴蝶結設計款

31

32

OPEN

袋蓋裡側是
面紙套喔。

31.32

袋蓋上充滿設計感的蝴蝶結相當女性化，
是大人專用可動式收納包。31使用壓棉
布，32則使用棉襯以呈現蓬鬆的手感。

HOW TO MAKE ⇒ P.58

Design & make
=patternshop snowwing × Linnaea*
固定夾＝KAWAGUCHI

\智慧型手機OK！/
**大人的
可動式收納包**

33

毛巾手帕／內野

33

海洋風的橫條紋非常清爽。外
口袋所使用的塑料材質藏著方
便操作智慧型手機的祕密。

HOW TO MAKE ⇒ P.62

Design & make＝町田香緒里

OPEN

內裡使用尼龍布，並設計有便利收納
的隔層。

POINT

便利！

將手機放在塑膠材質的外口袋
中，就可以直接觸控操作。

35

34

34.35

就算不闔上袋蓋也能使用的超方便可動式收納包。挑選喜歡的布料製作袋蓋，完成時髦的作品吧！

HOW TO MAKE ⇨ P.64

Design & make=町田香緒里
固定夾=KAWAGUCHI

胸針／JAMCOVER　毛巾手帕／內野

HOW TO MAKE ⇨ P.64

POINT

2WAY!

不想讓人看到內容物時就闔上袋蓋，以固定夾固定於腰間使用。將袋蓋翻到後側，直接開著使用也OK！只要單手就能拿取東西，非常方便。

OPEN

袋口以四合釦固定。

闔上袋蓋

BACK

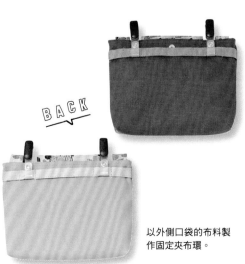

以外側口袋的布料製作固定夾布環。

打開袋蓋

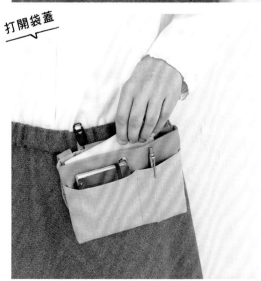

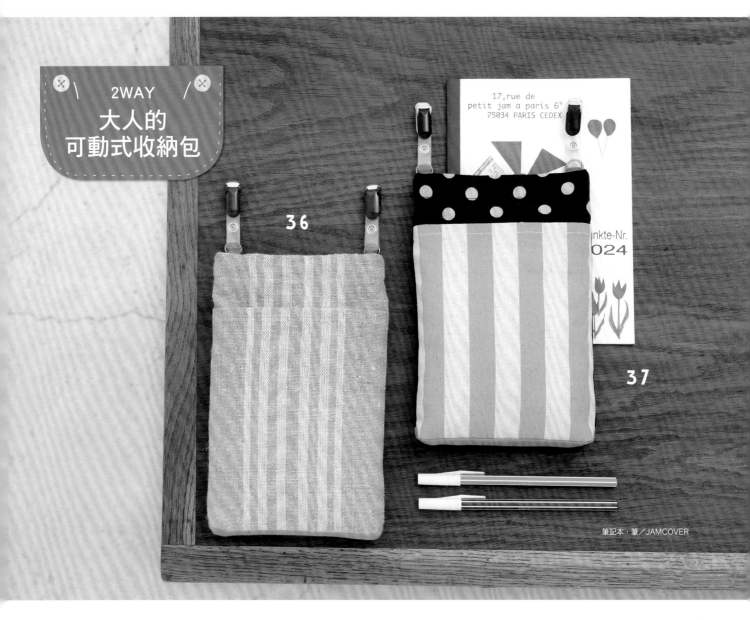

大人的
可動式收納包

筆記本・筆／JAMCOVER

36.37

也可當作小肩包或手提袋的可動式收納包。36使用簡單的布料,男女都適用。37以點點&直條紋的組合展現出大人式的可愛氛圍。

HOW TO MAKE ⇨ P.66

Design & make=nikomaki*
固定夾=KAWAGUCHI

外口袋中還有小口袋。可以將手機&筆等物品分格收納,非常方便。

接上可以手提的持手。固定在大包包的持手上當作收納包也OK！

拿下固定夾＆換上可以肩背的持手，搖身一變就成了小肩包！

POINT

鑰匙圈

內側附有穿過織帶的問號鉤，可以簡單地掛上鑰匙。

POINT

底部

配布是設計重點！讓時尚感大加分！

38

39

38.39

能輕鬆地找到隱沒於包包中的物品的收納包，可將收納包固定在手提包的內側使用。由於有非常多的格層，很適合用來分類收納。

HOW TO MAKE ⇒ 38…P.68 / 39…P.70

Design & make＝町田香緒里

OPEN

有很多分層，非常實用！袋口處有四合釦，不僅有遮蔽效果，使用起來也很放心。

毛巾手帕／內野

橫式

直式

在開始製作前

製圖標記

製圖頁的尺寸單位
皆為cm（公分）。

———————	完成線
———————	導引線
— — — —	山摺線
←—————→	直布紋方向（經向）
○	磁釦 免工具壓釦 四合釦
＋	暗釦

返口縫合法

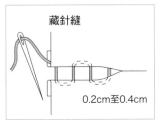

藏針縫

0.2cm至0.4cm

整理布紋

棉布多少會有些許縮水的情況，麻布在製作過程中就算以熨斗熨燙也容易縮皺；
因此在製作前一定要依照下列方式處理，以去除歪斜的布紋。

①浸泡於大量水中
1至2小時。

②輕輕扭乾至半乾狀態
後陰乾。

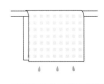

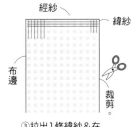

經紗　緯紗

布邊　　裁剪

③拉出1條緯紗＆在
布邊剪牙口。

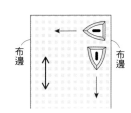

布邊　　布邊

④將歪斜的布料往想矯
正的方向拉直，並以
熨斗燙整。

防水布料的處理方式

由於是熨斗溫度過高時會融化＆車縫時常因摩擦係數高而難以前進的素材，
請用以下方式進行處理。

墊布

防水布料（背面）

墊上一塊布料，並從無防
水加工的布面以低溫熨斗
乾燙。

透明膠帶

在縫份處
貼上雙面
膠。

固定夾

由於會殘留針孔，因此以雙面
膠、透明膠帶或固定夾替代珠
針，暫時固定。

鐵弗龍壓
布腳

矽膠噴劑

車縫時，壓腳更換為鐵弗龍壓
布腳。如果這樣還是無法順利
前進，就使用矽膠噴霧。使用
前請務必先測試，以確保沒有
問題。

刺繡針法

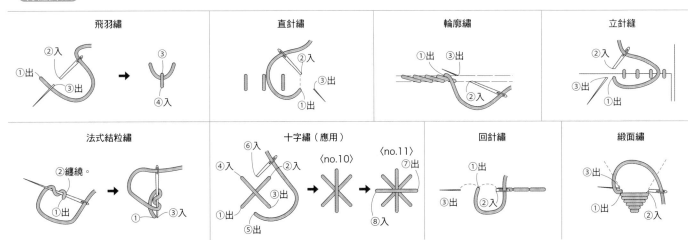

飛羽繡	直針繡	輪廓繡	立針縫

法式結粒繡	十字繡（應用）	回針繡	緞面繡

15 材料（1個）
A布（印花棉布）寬35cm長15cm
B布（印花棉布）寬20cm長15cm
C布（印花棉布）寬35cm長10cm
人字織帶 寬1cm長6cm
D環 寬1cm 2個
25號繡線（粉紅色）
可動式收納包專用夾 2個

16 材料（1個）
A布（斜紋棉布）寬35cm長15cm
B布（格子棉布）寬20cm長15cm
C布（粗棉布）寬35cm長10cm
人字織帶 寬1cm長6cm
D環 寬1cm 2個
25號繡線（黑色）
可動式收納包專用夾 2個

＊在此記載的布料使用寬度與店家販售的布
　寬不同。
＊□中的數字為縫份寬度。除了特別指定處
　之外，裁布時皆請加上1cm縫份。
＊曲線處的原寸紙型參見P.36。
＊刺繡針法參見P.32。

製圖

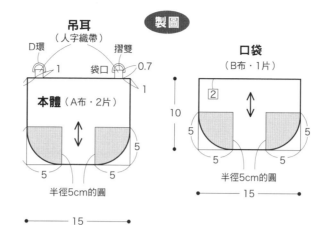

吊耳
（人字織帶）
D環　摺雙
袋口　0.7
1
本體（A布・2片）
5
5　5
半徑5cm的圓
15

口袋
（B布・1片）
2
10
5　5
5　5
半徑5cm的圓
15

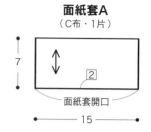

＝使用原寸紙型

面紙套A
（C布・1片）
7
2
面紙套開口
15

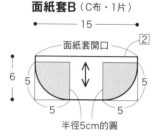

面紙套B（C布・1片）
15
面紙套開口
2
6
5　5
5　5
半徑5cm的圓

作法

1 製作口袋＆接縫於本體前片。

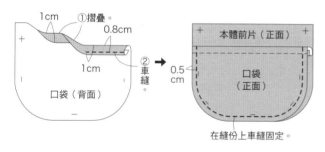

1cm　①摺疊　0.8cm
1cm
口袋（背面）
②車縫
0.5cm
本體前片（正面）
口袋（正面）
在縫份上車縫固定。

2 製作面紙套＆接縫於
本體後片。

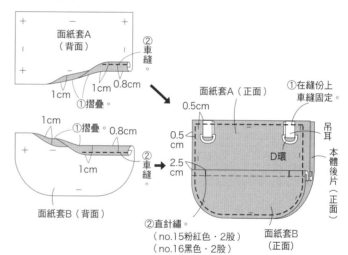

面紙套A（背面）
②車縫
1cm　1cm　0.8cm
①摺疊。

1cm　①摺疊　0.8cm
1cm
②車縫。
面紙套B（背面）

面紙套A（正面）
0.5cm
0.5cm
2.5cm
①在縫份上車縫固定。
吊耳
D環
本體後片（正面）
②直針繡
（no.15粉紅色・2股）
（no.16黑色・2股）
面紙套B（正面）

3 重疊本體前片＆後片後車縫。

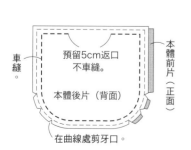

車縫。
預留5cm返口不車縫。
本體後片（背面）
本體前片（正面）
在曲線處剪牙口。

4 翻回正面後車縫。

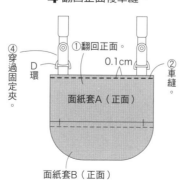

④穿過固定夾。
D環
①翻回正面。
0.1cm
②車縫。
面紙套A（正面）
面紙套B（正面）

完成！

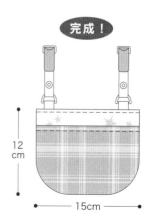

12cm
15cm

P.8・9 5至8

5至8 共通材料（1個）
A布（斜紋棉布）寬20cm長25cm
C布（斜紋棉布）寬15cm長10cm
布襯 寬15cm長25cm
魔鬼氈 寬2.5cm長3.5cm
可動式收納包專用夾 2個

5 材料（女孩）
B布（印花棉布）寬30cm長25cm
不織布（咖啡色）7cm×6cm
不織布（淺橘色・水藍色）各5cm×5cm
25號繡線（黑色・綠色・白色・粉紅色・
黃色・咖啡色・淺橘色・水藍色）各少許
織帶 寬1.2cm長15cm

6 材料（兔子）
B布（印花棉布）寬30cm長25cm
不織布（白色）10cm×8cm
不織布（粉紅色・綠色）各3cm×3cm
25號繡線（黑色・紅色・綠色・白色・粉紅色）
各少許
織帶 寬1.2cm長15cm

7 材料（車子）
B布（印花棉布）寬30cm長25cm
不織布（紅色）7cm×7cm
不織布（水藍色・黃色）各4cm×3cm
25號繡線（黑色・黃色・咖啡色・灰色・紅色）
各少許
織帶 寬1.5cm長15cm

8 材料（直升機）
B布（格子棉布）寬30cm長25cm
不織布（藍色）8cm×6cm
不織布（白色・黃色）各5cm×4cm
25號繡線（黑色・白色・黃色・藍色）各少許
織帶 寬1.5cm長15cm
＊在此記載的布料使用寬度與店家販售的布寬不同。
＊所有版型皆需外加1cm縫份，再進行裁布。
＊袋蓋原寸紙型・貼布繡圖案參見P.36・P.37。
＊刺繡針法參見P.32。

本體表布（A布・布襯 各1片）　**製圖**

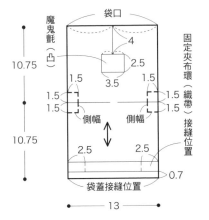

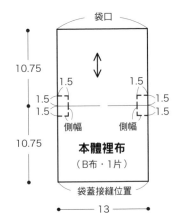

表袋蓋（C布・1片）
裡袋蓋（B布・1片）

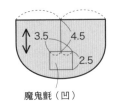

魔鬼氈（凹）

⬭ ＝使用原寸紙型
▦ ＝布襯

作法
＊在本體表布背面燙貼布襯。
＊以no.8作法進行解說。

1 縫製本體表布。

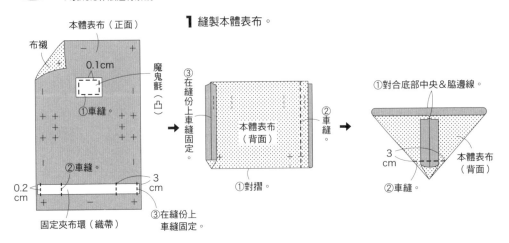

2 縫製本體裡布。

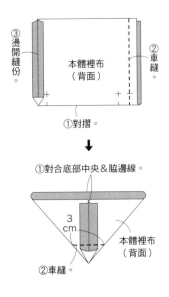

3 縫製袋蓋。

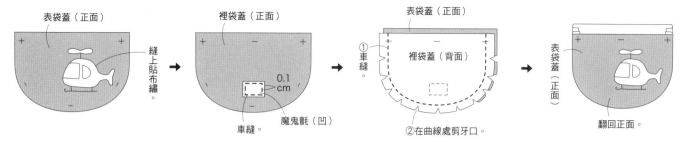

表袋蓋（正面）
縫上貼布繡。
裡袋蓋（正面）
0.1cm
魔鬼氈（凹）
車縫。
①車縫
裡袋蓋（背面）
表袋蓋（正面）
②在曲線處剪牙口。
表袋蓋（正面）
翻回正面。

4 縫合固定本體表布＆裡布。

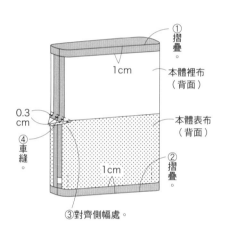

①摺疊
1cm
本體裡布（背面）
0.3cm
④車縫。
本體表布（背面）
1cm
②摺疊
③對齊側幅處。

5 將袋蓋接縫於本體。

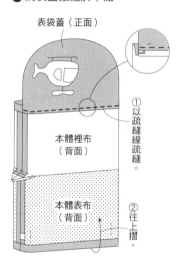

表袋蓋（正面）
本體裡布（背面）
①以疏縫線疏縫。
本體表布（背面）
②往上摺

6 以本體表布包覆本體裡布＆車縫固定。

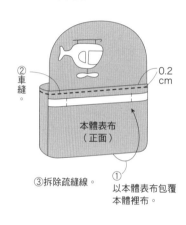

②車縫
0.2cm
本體表布（正面）
①
③拆除疏縫線。
以本體表布包覆本體裡布。

7 裝上固定夾。

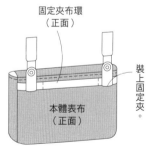

固定夾布環（正面）
本體表布（正面）
裝上固定夾。

完成！

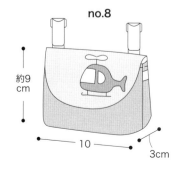

no.8
約9cm
10
3cm

no.5

no.6

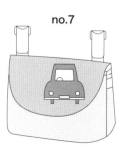

no.7

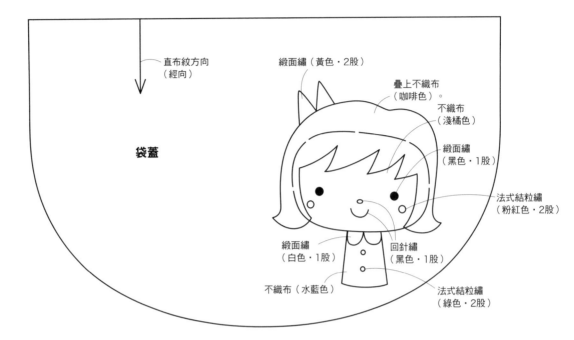

5 原寸紙型・貼布繡圖案

＊＊貼布繡無需加上縫份，直接裁剪不織布即可。
以立針縫接縫不織布。

直布紋方向
（經向）

袋蓋

緞面繡（黃色・2股）

疊上不織布
（咖啡色）。

不織布
（淺橘色）

緞面繡
（黑色・1股）

法式結粒繡
（粉紅色・2股）

緞面繡
（白色・1股）

回針繡
（黑色・1股）

不織布（水藍色）

法式結粒繡
（綠色・2股）

6 原寸紙型・貼布繡圖案

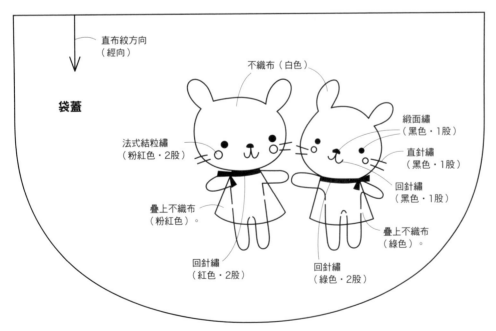

直布紋方向
（經向）

袋蓋

不織布（白色）

法式結粒繡
（粉紅色・2股）

緞面繡
（黑色・1股）

直針繡
（黑色・1股）

回針繡
（黑色・1股）

疊上不織布
（粉紅色）。

回針繡
（紅色・2股）

回針繡
（綠色・2股）

疊上不織布
（綠色）。

15・16 原寸紙型

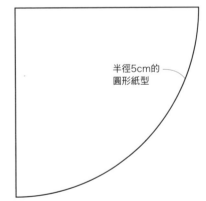

半徑5cm的
圓形紙型

36

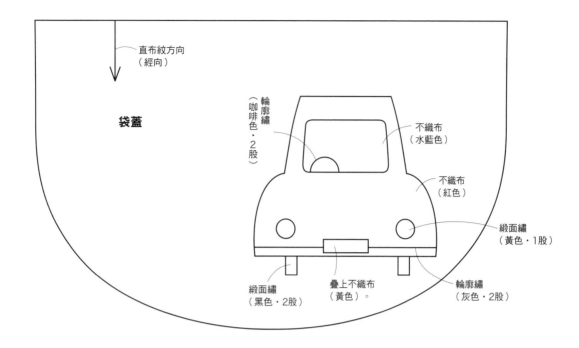

7 原寸紙型・貼布繡圖案

直布紋方向
（經向）

袋蓋

輪廓繡
（咖啡色・2股）

不織布
（水藍色）

不織布
（紅色）

緞面繡
（黃色・1股）

緞面繡
（黑色・2股）

疊上不織布
（黃色）。

輪廓繡
（灰色・2股）

※貼布繡無需加上縫份，直接裁剪不織布即可。
※以立針縫接縫不織布。

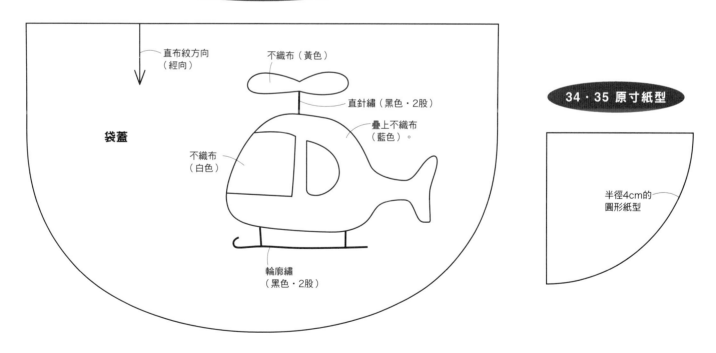

8 原寸紙型・貼布繡圖案

直布紋方向
（經向）

袋蓋

不織布（黃色）

直針繡（黑色・2股）

疊上不織布
（藍色）。

不織布
（白色）

輪廓繡
（黑色・2股）

34・35 原寸紙型

半徑4cm的
圓形紙型

P.10・11 9至12

9至12的共通材料（1個）
布襯 寬15cm長15cm
可動式收納包專用夾 2個
手工藝棉花 少許

9 材料（白熊）
A布（印花棉布）寬30cm長30cm
B布（印花棉布）寬30cm長30cm
C布（印花棉布）寬15cm長5cm
D布（印花棉布）寬15cm長15cm
E布（麻布）寬2cm長2cm
不織布（白色）10cm×10cm
25號繡線（深咖啡色・白色）各少許
色鉛筆（粉紅色）

10 材料（恐龍）
A布（印花棉布）寬30cm長30cm
B布（Cordlane）寬30cm長30cm
C布（印花棉布）寬15cm長5cm
D布（素色木棉布）寬15cm長15cm
E布（印花棉布）寬10cm長10cm
不織布（米色）13cm×12cm
25號繡線（深咖啡色・橘色）各少許

11 材料（魚）
A布（麻布）寬30cm長30cm
B布（印花棉布）寬30cm長30cm
C布（印花棉布）寬15cm長5cm
D布（印花棉布）寬15cm長15cm
E布（斜紋棉布）寬5cm長10cm
F布（毛呢棉布）寬5cm長10cm
G布（印花棉布）寬5cm長10cm
H布（印花棉布）寬15cm長10cm
25號繡線（深咖啡色・橘色）少許

12 材料（貓咪）
A布（印花棉布）寬30cm長30cm
B布（Cordlane）寬30cm長30cm
C布（印花棉布）寬15cm長5cm
D布（印花棉布）寬15cm長15cm
E布（麻布）寬6cm長5cm
F布（印花棉布）寬10cm長10cm
25號繡線（深咖啡色）少許
色鉛筆（粉紅色）

＊在此記載的布料使用寬度與店家販售的布寬不同。
＊□中的數字為縫份寬度。除了特別指定處之外，裁布時皆請加上1cm縫份。
＊袋蓋的原寸紙型・貼布繡圖案參見P.40・P.41。
＊刺繡針法參見P.32。

本體表布（A布・1片）
本體裡布（B布・1片）

袋口
12
面紙套接縫位置
9
12
固定夾布環接縫位置
3　　3
袋蓋接縫位置
1
13

製圖

面紙套（A布・1片）
面紙套開口
4.5
1.5
9
4.5
1.5
面紙套開口
13

固定夾布環（C布・1片）
0
4
0
15

= 使用原寸紙型

= 布襯

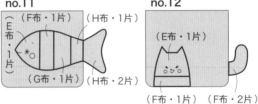

no.9
（E布・1片）
（不織布・白色・2片）
不織布（白色・1片）

no.10
（E布・1片）
（不織布・米色・1片）

no.11
（F布・1片）（H布・1片）
（E布・1片）
（G布・1片）（H布・2片）

no.12
（E布・1片）
（F布・1片）（F布・2片）

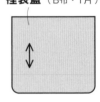

表袋蓋（D布・布襯・各1片）
裡袋蓋（B布・1片）

作法
＊在表袋蓋背面燙貼布襯。
＊以no.10作法進行解說。

1 縫製固定夾布環。

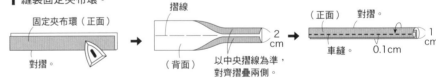

固定夾布環（正面）
對摺。
對摺
摺線
背面
正面
以中央摺線為準，對齊摺疊兩側。
2cm
（正面）
對摺
車縫。
0.1cm
1cm

2 將表袋蓋縫上貼布繡。

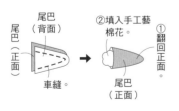

尾巴（背面）
尾巴（正面）
車縫。
②填入手工藝棉花
①翻回正面
尾巴（正面）
※no.9的尾巴不加縫份，以毛邊繡縫合。

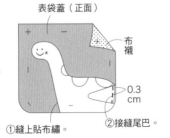

表袋蓋（正面）
布襯
①縫上貼布繡。
②接縫尾巴。
0.3cm

3 縫製袋蓋。

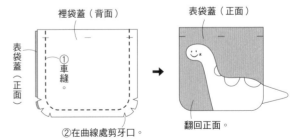

裡袋蓋（背面）
表袋蓋（正面）
①車縫
②在曲線處剪牙口。
表袋蓋（正面）
翻回正面。

4 製作＆接縫面紙套。

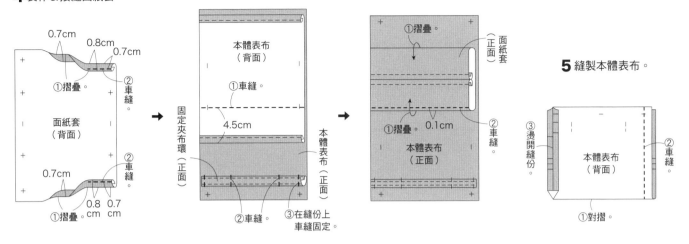

0.7cm
0.8cm
0.7cm
①摺疊。
②車縫。
面紙套（背面）
0.7cm
②車縫。
0.8cm
0.7cm
①摺疊。

本體表布（背面）
①車縫。
4.5cm
固定夾布環（正面）
本體表布（正面）
②車縫。
③在縫份上車縫固定。

①摺疊。
0.1cm
②車縫。
面紙套（正面）
本體表布（正面）

5 縫製本體表布。

③燙開縫份。
本體表布（背面）
②車縫。
①對摺。

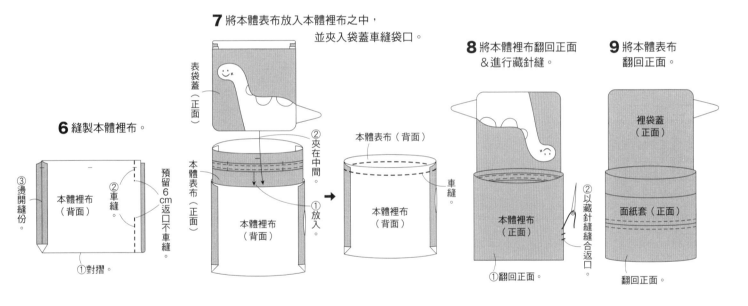

6 縫製本體裡布。

③燙開縫份。
本體裡布（背面）
②車縫。
預留6cm返口不車縫。
①對摺。

7 將本體表布放入本體裡布之中，並夾入袋蓋車縫袋口。

表袋蓋（正面）
本體表布（正面）
本體裡布（背面）
②夾在中間。
①放入。

本體表布（背面）
本體裡布（背面）
車縫。

8 將本體裡布翻回正面＆進行藏針縫。

本體裡布（正面）
①翻回正面。
②以藏針縫縫合返口。

9 將本體表布翻回正面。

裡袋蓋（正面）
面紙套（正面）
翻回正面。

10 裝上固定夾。

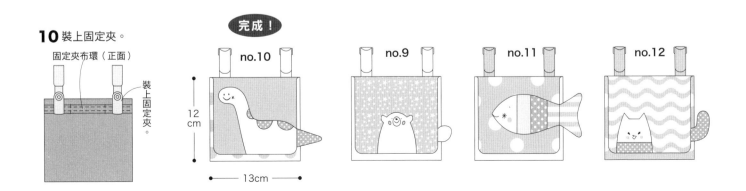

固定夾布環（正面）
裝上固定夾。

完成！

no.10
12cm
13cm

no.9

no.11

no.12

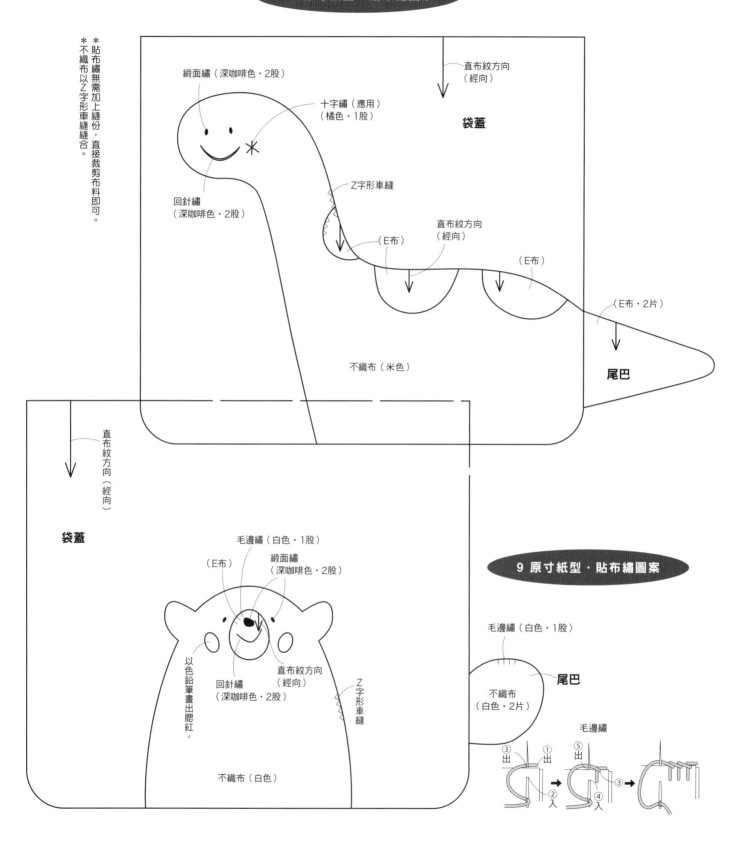

10 原寸紙型・貼布繡圖案

＊不織布以Z字形車縫縫合。
＊貼布繡無需加上縫份，直接裁剪布料即可。

緞面繡（深咖啡色・2股）

十字繡（應用）
（橘色・1股）

直布紋方向
（經向）

袋蓋

Z字形車縫

回針繡
（深咖啡色・2股）

（E布）

直布紋方向
（經向）

（E布）

（E布・2片）

不織布（米色）

尾巴

直布紋方向（經向）

袋蓋

毛邊繡（白色・1股）

（E布）

緞面繡
（深咖啡色・2股）

9 原寸紙型・貼布繡圖案

毛邊繡（白色・1股）

尾巴

不織布
（白色・2片）

以色鉛筆畫出腮紅。

回針繡
（深咖啡色・2股）

直布紋方向
（經向）

Z字形車縫

不織布（白色）

毛邊繡

③出　①出　⑤出　③出

②入　④入

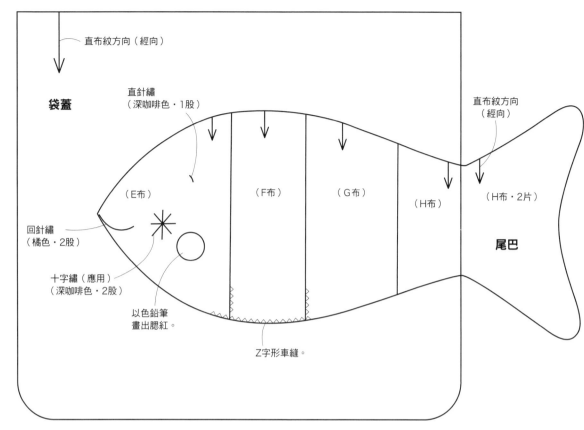

11 原寸紙型・貼布繡圖案

直布紋方向（經向）

袋蓋

直針繡
（深咖啡色・1股）

直布紋方向
（經向）

（E布）

（F布）

（G布）

（H布）

（H布・2片）

回針繡
（橘色・2股）

尾巴

十字繡（應用）
（深咖啡色・2股）

以色鉛筆
畫出腮紅。

Ｚ字形車縫。

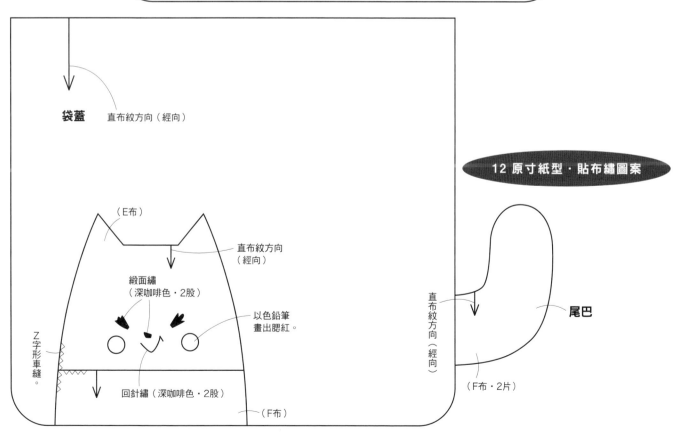

袋蓋　直布紋方向（經向）

12 原寸紙型・貼布繡圖案

（E布）

直布紋方向
（經向）

緞面繡
（深咖啡色・2股）

以色鉛筆
畫出腮紅。

Ｚ字形車縫。

直布紋方向（經向）

尾巴

回針繡（深咖啡色・2股）

（F布）

（F布・2片）

P.12 13·14

13 材料
表布（防水加工木棉布）寬30cm長30cm
免工具壓釦 直徑1cm 1組
蕾絲 寬0.7cm長15cm
水兵帶 寬0.3cm長30cm
蕾絲花片 1片
可動式收納包專用夾 2個

14 材料
表布（防水加工木棉布）寬30cm長30cm
免工具壓釦 直徑1cm 1組
織帶 寬0.6cm長15cm
水兵帶 寬0.3cm長30cm
布標 1片
可動式收納包專用夾 2個

*在此記載的布料使用寬度與店家販售的
　布寬不同。
*□中的數字為縫份寬度。除了特別指定
　處之外，裁布時皆請加上1cm縫份。
*防水加工布的處理方式參見P.32。

製圖

本體A（表布‧1片）

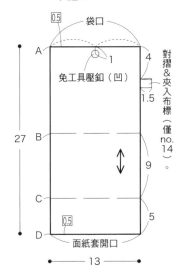

袋口
0.5
A — 4
免工具壓釦（凹） 1
1.5
對摺&夾入布標（僅no.14）。
27
B
9
C
0.5
D
面紙套開口
13

本體B（表布‧1片）

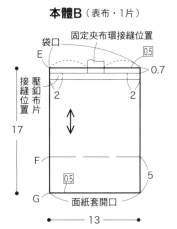

袋口
固定夾布環接縫位置
0.5
E
0.7
接縫位置
壓釦布片
2　2
17
F
5
G
0.5
面紙套開口
13

固定夾布環
（表布‧1片）
0
4
0
0
15

壓釦布片
（表布‧1片）
0
5.5
0
0
5

作法

*以no.13作法進行解說。

1 在本體B的袋口背面車縫水兵帶&
在面紙套開口外側車縫蕾絲。

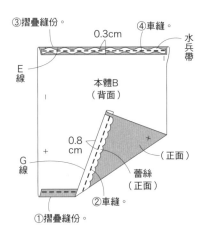

③摺疊縫份。
0.3cm
④車縫。
水兵帶
E線
本體B（背面）
0.8cm
（正面）
G線
蕾絲（正面）
②車縫。
①摺疊縫份。

※no.14將蕾絲改為織帶。

2 在本體A的袋口背面車縫水兵帶&
內摺面紙套開口處縫份後車縫。

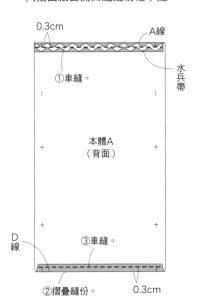

0.3cm
A線
①車縫。
水兵帶
本體A（背面）
D線
③車縫。
②摺疊縫份。
0.3cm

3 製作固定夾布環。

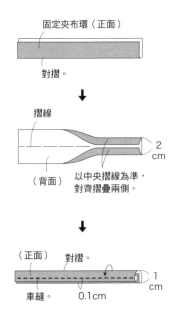

固定夾布環（正面）
對摺。

摺線
2cm
（背面）
以中央摺線為準，對齊摺疊兩側。

（正面）
對摺。
摺線
1cm
車縫。
0.1cm

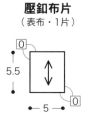

4 製作壓釦布片。

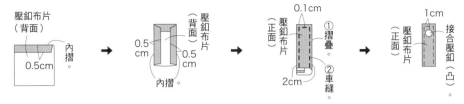

壓釦布片（背面）
內摺
0.5cm

0.5cm
壓釦布片（背面）
0.5cm
內摺。

0.1cm
壓釦布片（正面）
①摺疊。
②車縫
2cm

1cm
壓釦布片（正面）
接合壓釦（凸）

5 如圖所示摺疊本體B，並縫上固定夾布環＆壓釦布片。

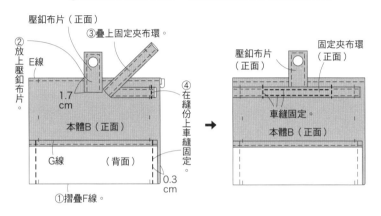

②放上壓釦布片
E線
壓釦布片（正面）
③疊上固定夾布環。
1.7cm
本體B（正面）
G線 （背面）
①摺疊F線。
④在縫份上車縫固定
0.3cm

壓釦布片（正面）
固定夾布環（正面）
車縫固定。
本體B（正面）

6 如圖所示摺疊本體A＆裝上壓釦。

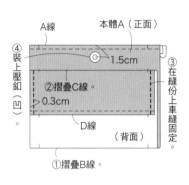

A線
本體A（正面）
④裝上壓釦（凹）
1.5cm
②摺疊C線。
0.3cm
D線
（背面）
③在縫份上車縫固定
①摺疊B線。

7 對齊縫合本體A＆B。

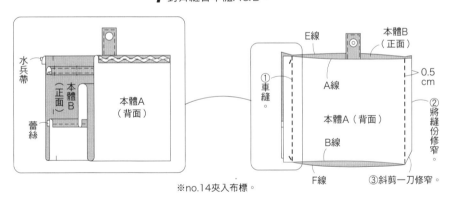

水兵帶
本體B（正面）
本體A（背面）
蕾絲

E線
本體B（正面）
①車縫。
A線
0.5cm
本體A（背面）
B線
②將縫份修窄
F線
③斜剪一刀修窄。

※no.14夾入布標。

8 翻至正面＆翻回G線。

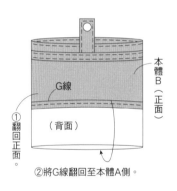

本體B（正面）
G線
（背面）
①翻回正面。
②將G線翻回至本體A側。

9 裝上固定夾。

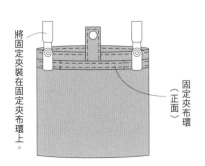

將固定夾裝在固定夾布環上。
（正面）
固定夾布環

完成！

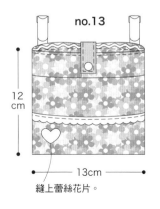

no.13
12cm
13cm
縫上蕾絲花片。

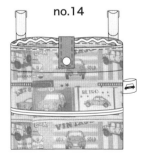

no.14

17 材料
A布（印花棉布）寬20cm長15cm
B布（毛呢棉布）寬20cm長20cm
C布（印花棉布）寬20cm長30cm
棉襯 寬35cm長20cm
拉鍊 長14cm 1條
棉織帶 寬1cm長40cm
水兵帶 寬0.5cm長20cm
毛球飾邊條 寬0.8cm長20cm
可動式收納包專用夾 2個

18 材料
A布（印花棉布）寬20cm長15cm
B布（印花棉布）寬20cm長20cm
C布（毛呢棉布）寬20cm長30cm
布襯 寬35cm長20cm
拉鍊 長14cm 1條
絲帶 寬1cm長20cm
緞帶 寬1cm長20cm
蕾絲花片 1片
珍珠 5mm×1個・3mm×2個
可動式收納包專用夾 2個
＊在此記載的布料使用寬度與店家
　販售的布寬不同。
＊□中的數字為縫份寬度。除了特
　別指定處之外，裁布時皆請加上
　1cm縫份。

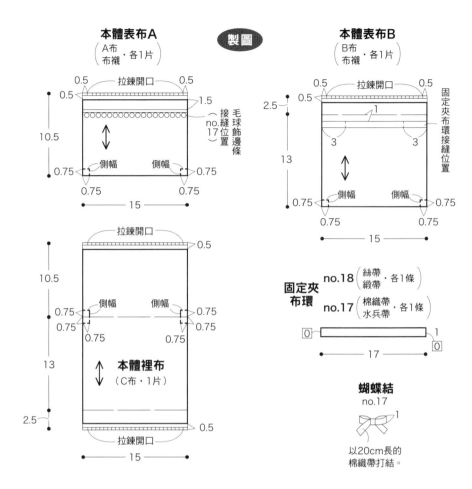

本體表布A
（A布・布襯・各1片）

本體裡布
（C布・1片）

製圖

本體表布B
（B布・布襯・各1片）

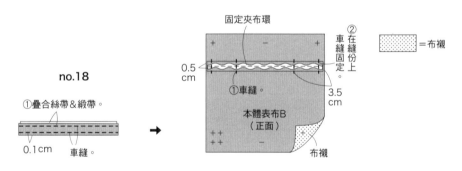

固定夾布環 no.18（絲帶・緞帶・各1條）
固定夾布環 no.17（棉織帶・水兵帶・各1條）

蝴蝶結
no.17
以20cm長的棉織帶打結。

作法

＊在本體表布A・本體表布B的
　背面燙貼布襯。
＊以no.17作法進行解說。

=布襯

1 縫製＆接縫上固定夾布環。

no.17
①疊合水兵帶＆棉織帶。
②車縫於中心線上。

no.18
①疊合絲帶＆緞帶。
0.1cm 車縫。

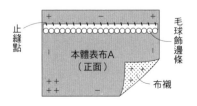

固定夾布環
0.5cm ①車縫。
3.5cm
②在縫份上車縫固定。
本體表布B（正面）
布襯

2 在本體表布A上接縫毛球飾邊條（僅no.17）。

止縫點
本體表布A（正面）
毛球飾邊條
布襯

3 在本體表布＆裡布車縫拉鍊。

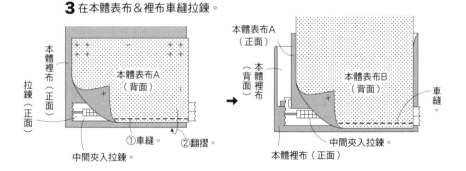

本體裡布（正面）
拉鍊（正面）
本體表布A（背面）
①車縫。
②翻摺。
中間夾入拉鍊。

本體表布A（正面）
本體裡布（背面）
本體表布B（背面）
車縫。
中間夾入拉鍊。
本體裡布（正面）

4 車縫拉鍊兩側。

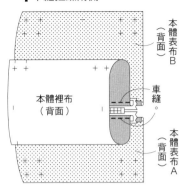

本體表布B（背面）
車縫
本體表布A（背面）
本體裡布（背面）

5 車縫本體表布底線。

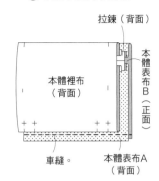

拉鍊（背面）
本體表布B（正面）
本體裡布（背面）
車縫。
本體表布A（背面）

6 重疊並車縫本體表布＆裡布。

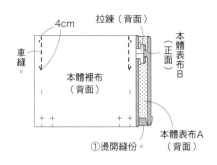

4cm
車縫。
拉鍊（背面）
本體表布B（正面）
本體裡布（背面）
①燙開縫份。
本體表布A（背面）

7 將本體表布＆裡布各自車縫脇邊線。

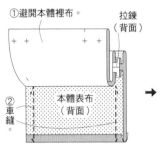

①避開本體裡布。
拉鍊（背面）
②車縫。
本體表布（背面）

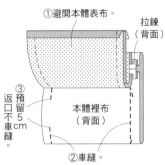

①避開本體表布。
拉鍊（背面）
③預留返口5cm不車縫。
本體裡布（背面）
②車縫。

8 車縫側幅。

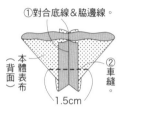

①對合底線＆脇邊線。
本體表布（背面）
②車縫。
1.5cm

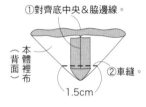

①對齊底中央＆脇邊線。
本體裡布（背面）
②車縫。
1.5cm

9 將本體裡布翻回正面＆進行藏針縫。

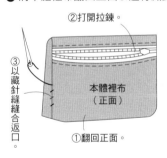

②打開拉鍊。
③以藏針縫縫合返口。
本體裡布（正面）
①翻回正面。

10 將本體表布翻回正面＆車縫裝飾。

no.17

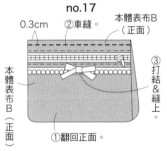

0.3cm
②車縫
本體表布B（正面）
本體表布B（正面）
③打結＆縫上。
①翻回正面。

no.18

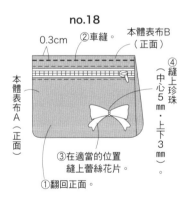

0.3cm
②車縫
本體表布B（正面）
本體表布A（正面）
④縫上珍珠（中心5mm・上下3mm）。
③在適當的位置縫上蕾絲花片。
①翻回正面。

11 裝上固定夾。

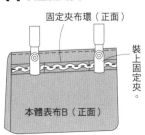

固定夾布環（正面）
裝上固定夾。
本體表布B（正面）

完成！

no.17

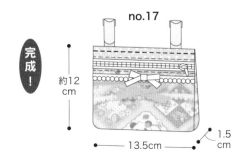

約12cm
13.5cm
1.5cm

no.18

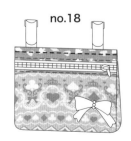

P.18 21

材料
A布（斜紋棉布）寬60cm長25cm
B布（印花棉布）寬55cm長30cm
不織布（深咖啡色）20cm×20cm
不織布（白色）5cm×5cm
不織布（橘色）2cm×2cm
25號繡線（深咖啡色・橘色・白色）各少許
拉鍊 長20cm 1條
蕾絲 寬1cm長20cm
織帶 寬1cm長20cm
可動式收納包專用夾 2個
＊在此記載的布料使用寬度與店家販售的布寬不同。
＊□中的數字為縫份寬度。除了特別指定處之外，裁布時皆請加上1cm縫份。
＊原寸紙型參見P.47・P.48。
＊刺繡針法參見P.32。

製圖

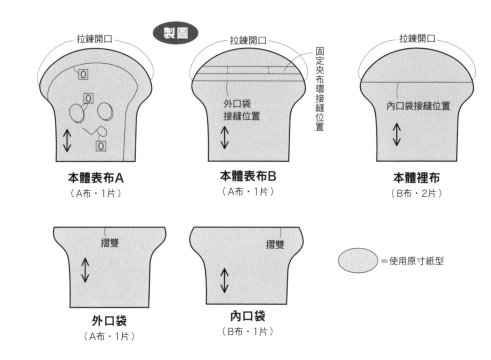

本體表布A（A布・1片）
本體表布B（A布・1片）
本體裡布（B布・2片）
外口袋（A布・1片）
內口袋（B布・1片）
＝使用原寸紙型

作法

1 接縫外口袋＆固定夾布環。

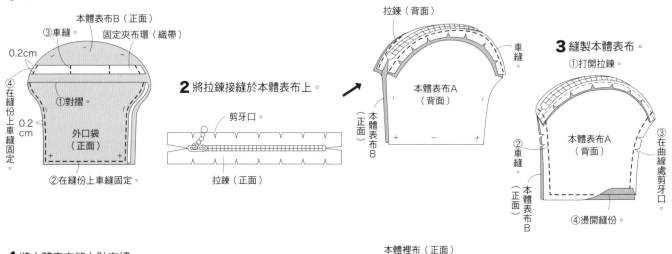

2 將拉鍊接縫於本體表布上。

3 縫製本體表布。

4 將本體表布縫上貼布繡。

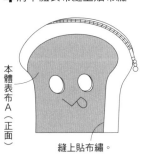

5 製作＆接縫內口袋。

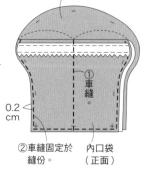

6 縫製本體裡布。

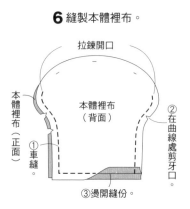

46

7 將本體裡布放入本體表布中。

本體裡布（背面）

放入。

本體表布
（正面）

8 將拉鍊兩側挑縫於本體裡布。

挑縫。

本體裡布
（正面）

摺疊

9 裝上固定夾。

固定夾布環
（正面）

裝上固定夾。

外口袋
（正面）

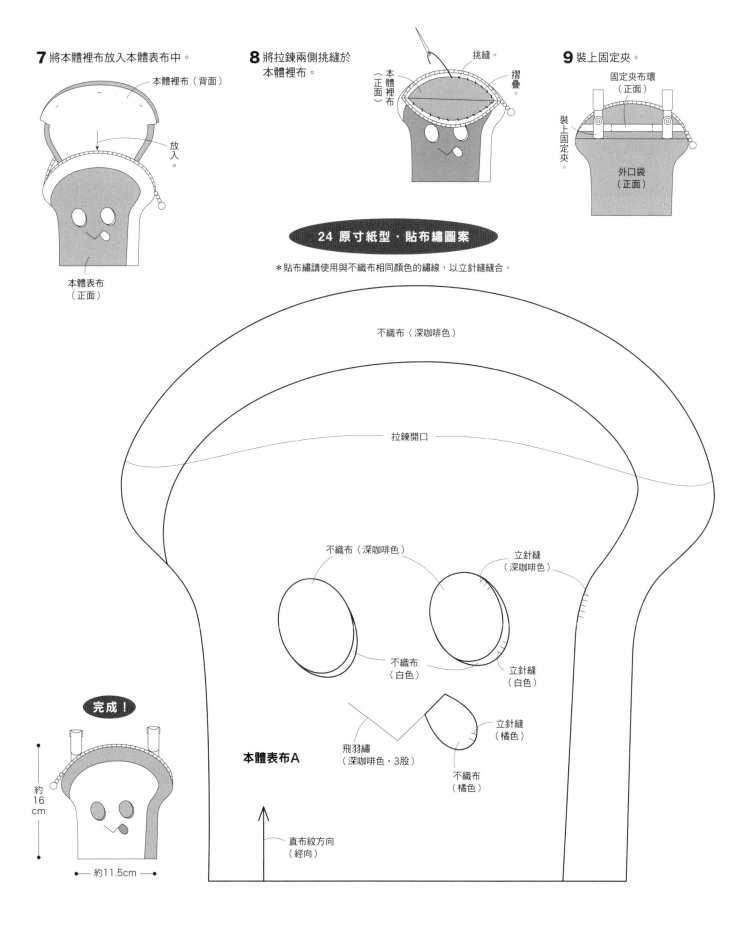

24 原寸紙型・貼布繡圖案

＊貼布繡請使用與不織布相同顏色的繡線，以立針縫縫合。

不織布（深咖啡色）

拉鍊開口

不織布（深咖啡色）

立針縫
（深咖啡色）

不織布
（白色）

立針縫
（白色）

立針縫
（橘色）

本體表布A

飛羽繡
（深咖啡色・3股）

不織布
（橘色）

直布紋方向
（經向）

完成！

約16cm

約11.5cm

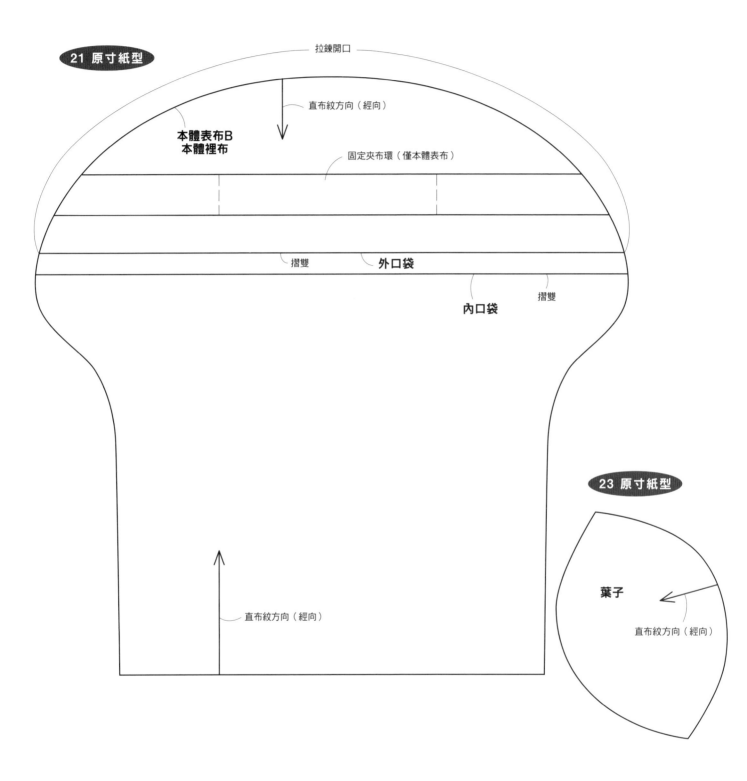

21 原寸紙型

拉鍊開口

直布紋方向（經向）

本體表布B
本體裡布

固定夾布環（僅本體表布）

摺雙　　　**外口袋**

內口袋　　摺雙

直布紋方向（經向）

23 原寸紙型

葉子

直布紋方向（經向）

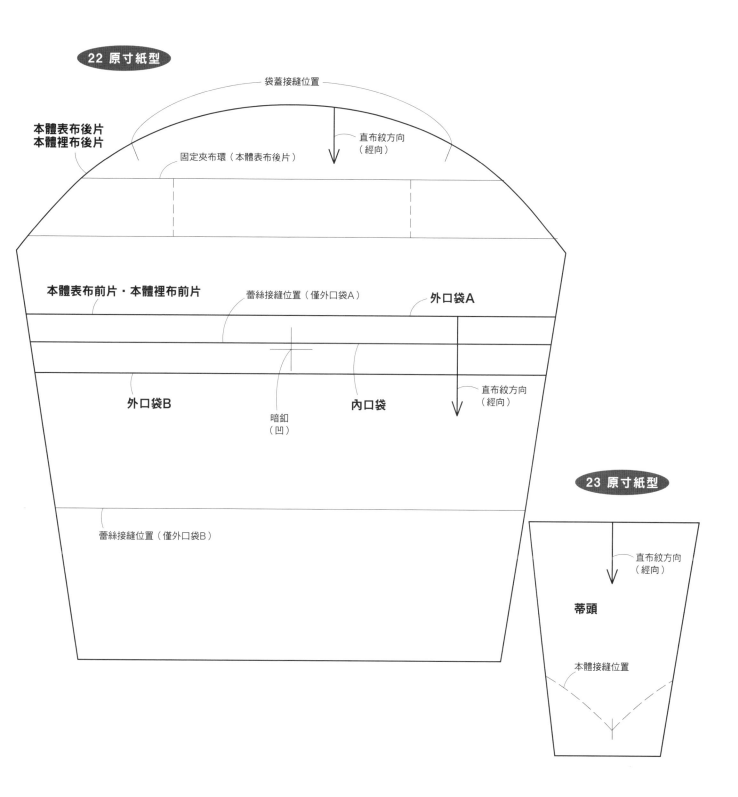

22 原寸紙型

袋蓋接縫位置

本體表布後片
本體裡布後片

固定夾布環（本體表布後片）

直布紋方向
（經向）

本體表布前片・本體裡布前片

蕾絲接縫位置（僅外口袋A）

外口袋A

直布紋方向
（經向）

外口袋B

暗釦
（凹）

內口袋

蕾絲接縫位置（僅外口袋B）

23 原寸紙型

直布紋方向
（經向）

蒂頭

本體接縫位置

22 材料

A布（印花棉布）寬85cm長20cm
B布（印花棉布）寬55cm長30cm
C布（印花棉布）寬20cm長15cm
棉襯 寬50cm長20cm
蕾絲A 寬1cm長35cm
蕾絲B 寬3cm長35cm
織帶 寬1.5cm長20cm
市售的蝴蝶結 3個
市售的毛球 直徑3cm 1個
暗釦 直徑1.5cm 1組
可動式收納包專用夾 2個

＊在此記載的布料使用寬度與店家
　販售的布寬不同。
＊所有版型皆需外加1cm縫份，再
　進行裁布。
＊原寸紙型參見P.49・P.51。

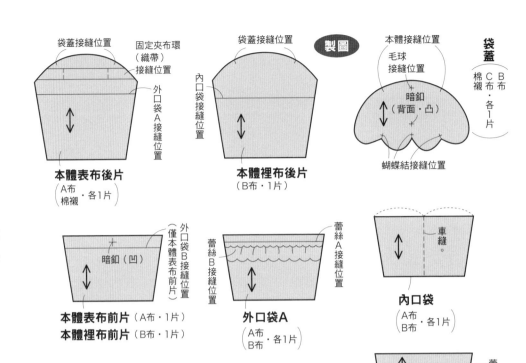

製圖

袋蓋接縫位置　固定夾布環（織帶）接縫位置
外口袋A接縫位置
本體表布後片（A布・棉襯・各1片）

袋蓋接縫位置
內口袋接縫位置
外口袋A接縫位置
本體裡布後片（B布・1片）

本體接縫位置
毛球接縫位置
暗釦（背面・凸）
蝴蝶結接縫位置

袋蓋 棉襯 C布 B布・各1片

暗釦（凹）
外口袋B接縫位置（僅本體表布前片）
本體表布前片（A布・1片）
本體裡布前片（B布・1片）

蕾絲A接縫位置
蕾絲B接縫位置
外口袋A（A布・B布・各1片）

車縫。
內口袋（A布・B布・各1片）

蕾絲A接縫位置
蕾絲B接縫位置
外口袋B（A布・B布・棉襯）

作法 ＊在本體表布後片・表袋蓋・外口袋B的背面燙貼棉襯。

●＝使用原寸紙型

▨＝棉襯

1 縫製袋蓋。

預留10cm返口不車縫。
袋蓋（正面）
車縫。
袋蓋（背面）
棉襯
在曲線處剪牙口。
↓
袋蓋（正面）
翻回正面。

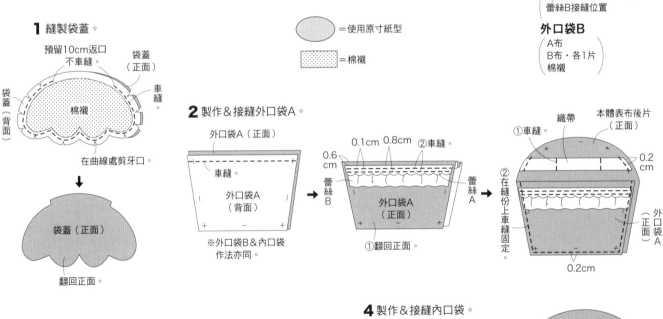

2 製作＆接縫外口袋A。

外口袋A（正面）
車縫。
外口袋A（背面）
※外口袋B＆內口袋作法亦同。

0.6cm　0.1cm 0.8cm　②車縫。
蕾絲B　外口袋A（正面）　蕾絲A
①翻回正面。

①車縫　織帶　本體表布後片（正面）
0.2cm
②在縫份上車縫固定。
外口袋A（正面）
0.2cm

3 製作＆接縫外口袋B。

②車縫。
外口袋B（正面）
0.1cm 0.8cm
蕾絲A
①翻回正面。　蕾絲B

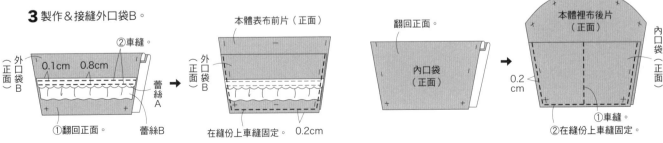

本體表布前片（正面）
外口袋B（正面）
蕾絲A
在縫份上車縫固定。　0.2cm

4 製作＆接縫內口袋。

翻回正面。
內口袋（正面）

本體裡布後片（正面）
內口袋（正面）
0.2cm
①車縫。
②在縫份上車縫固定。

50

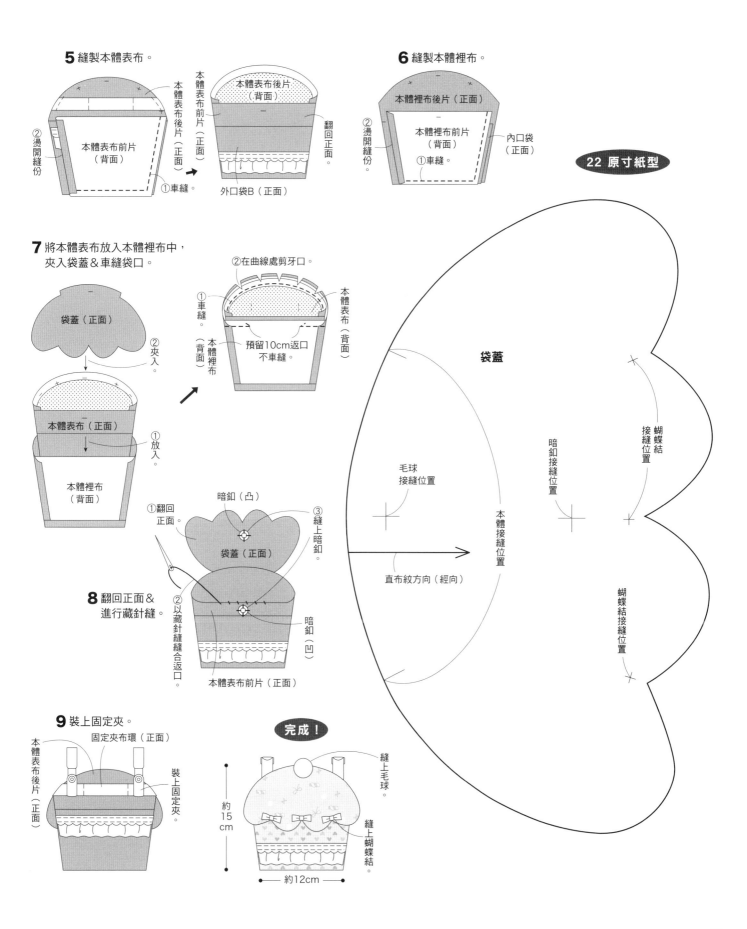

5 縫製本體表布。

本體表布後片（背面）
②燙開縫份
本體表布前片（背面）
本體表布後片（正面）
①車縫。

本體表布後片（背面）
本體表布前片（正面）
外口袋B（正面）
翻回正面。

6 縫製本體裡布。

本體裡布後片（正面）
②燙開縫份
本體裡布前片（背面）
①車縫。
內口袋（正面）

22 原寸紙型

7 將本體表布放入本體裡布中，夾入袋蓋&車縫袋口。

袋蓋（正面）
②夾入。
本體表布（正面）
①放入。
本體裡布（背面）

②在曲線處剪牙口。
①車縫。
本體表布（背面）
本體裡布（背面）
預留10cm返口不車縫。

①翻回正面。
暗釦（凸）
③縫上暗釦。
袋蓋（正面）
②以藏針縫縫合返口。
暗釦（凹）
本體表布前片（正面）

8 翻回正面&進行藏針縫。

袋蓋
毛球接縫位置
本體接縫位置
直布紋方向（經向）
暗釦接縫位置
蝴蝶結接縫位置
蝴蝶結接縫位置

9 裝上固定夾。

固定夾布環（正面）
本體表布後片（正面）
裝上固定夾。

完成！

約15cm
約12cm
縫上毛球。
縫上蝴蝶結。

材料

A布（毛呢棉布）寬80cm長20cm
B布（印花棉布）寬40cm長25cm
C布（印花棉布）寬40cm長15cm
D布（毛呢棉布）寬20cm長15cm
E布（印花棉布）寬15cm長10cm
F布（印花棉布）寬15cm長10cm
棉襯 寬40cm長25cm
蕾絲 寬3cm長25cm
織帶 寬1.5cm長20cm
小花扁珠（裝飾）尺寸2cm 1個
珠子（裝飾）直徑1cm 1個
暗釦 直徑1.5cm 1組
可動式收納包專用夾 2個
＊在此記載的布料使用寬度與店家
　販售的布寬不同。
＊□中的數字為縫份寬度。除了特
　別指定處之外，裁布時皆請加上
　1cm縫份。
＊原寸紙型參見P.48．P.49．
　P.54．。

製圖

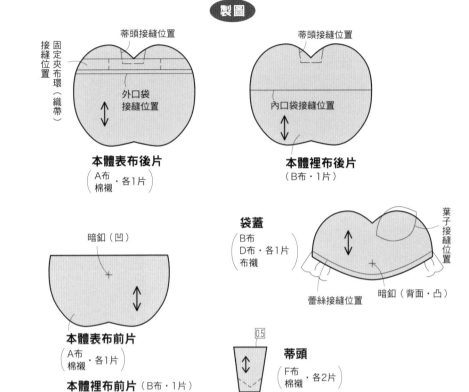

本體表布後片
（A布
　棉襯・各1片）

本體裡布後片
（B布・1片）

袋蓋
B布
D布・各1片
布襯

本體表布前片
（A布
　棉襯・各1片）

本體裡布前片（B布・1片）

蒂頭
（F布
　棉襯・各2片）

作法

＊在本體表布後片．本體表布前片．
　表袋蓋．蒂頭．葉子的背面燙貼布襯。

1 製作＆接縫外口袋。

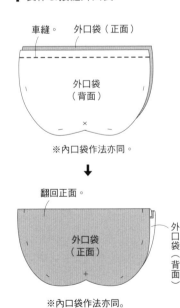

車縫。　外口袋（正面）

外口袋
（背面）

※內口袋作法亦同。

↓

翻回正面。

外口袋
（正面）

外口袋
（背面）

※內口袋作法亦同。

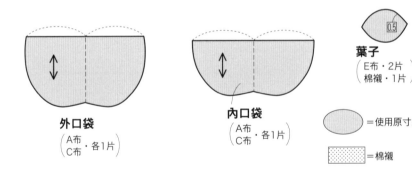

外口袋
（A布
　C布・各1片）

內口袋
（A布
　C布・各1片）

葉子
（E布・2片
　棉襯・1片）

= 使用原寸紙型

= 棉襯

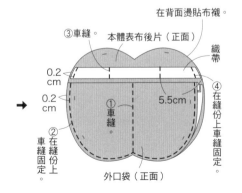

在背面燙貼布襯。

③車縫。　本體表布後片（正面）

織帶

0.2cm

0.2cm

5.5cm

①車縫。

②在縫份上車縫固定。

④在縫份上車縫固定。

外口袋（正面）

2 製作＆接縫內口袋。

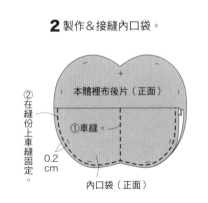

本體裡布後片（正面）

②在縫份上車縫固定。

①車縫。

0.2cm

內口袋（正面）

3 縫製袋蓋。

預留本體接合位置不車縫　袋蓋（正面）　袋蓋（正面）　①翻回正面。
袋蓋（背面）　①車縫。　棉襯　0.2cm　②車縫。
②在曲線處剪牙口。　摺疊1cm。　蕾絲（正面）　摺疊1cm。

4 縫製葉子。

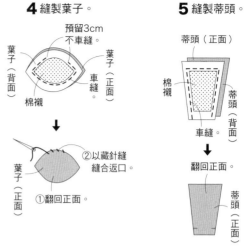

預留3cm不車縫　葉子（背面）　葉子（正面）　車縫。　棉襯
②以藏針縫縫合返口。
葉子（正面）　①翻回正面。

5 縫製蒂頭。

蒂頭（正面）　棉襯　蒂頭（背面）　車縫。
翻回正面。
蒂頭（正面）

6 縫製本體。

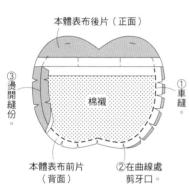

本體表布後片（正面）
③燙開縫份。　①車縫。　棉襯
本體表布前片（背面）　②在曲線處剪牙口。
※本體裡布作法亦同。

7 將本體表布放入本體裡布中，夾入蒂頭後車縫袋口。

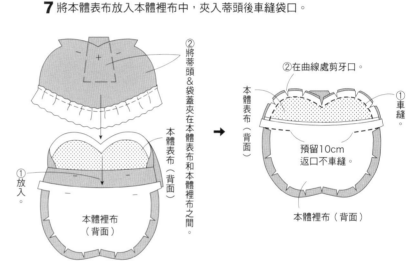

②將蒂頭&袋蓋夾在本體表布和本體裡布之間。
①放入。　本體裡布（背面）　本體表布（背面）
②在曲線處剪牙口。　本體表布（背面）　①車縫。
預留10cm返口不車縫　本體裡布（背面）

8 翻回正面&進行藏針縫。

暗釦（凸）　③縫上暗釦。
②以藏針縫縫合返口。
暗釦（凹）
①翻回正面。

9 縫上葉子&裝飾。

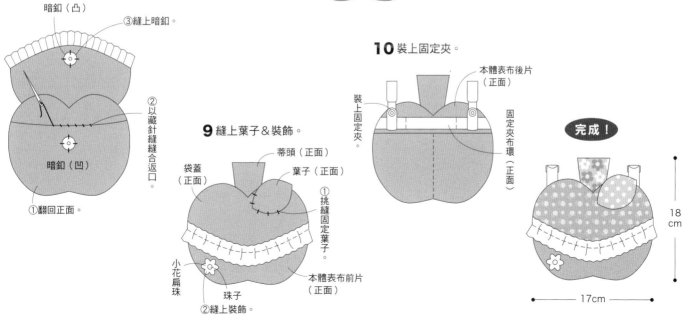

袋蓋（正面）　蒂頭（正面）　葉子（正面）
①挑縫固定葉子。
小花扁珠　珠子　②縫上裝飾。　本體表布前片（正面）

10 裝上固定夾。

本體表布後片（正面）
裝上固定夾。　固定夾布環（正面）

完成！

18cm
17cm

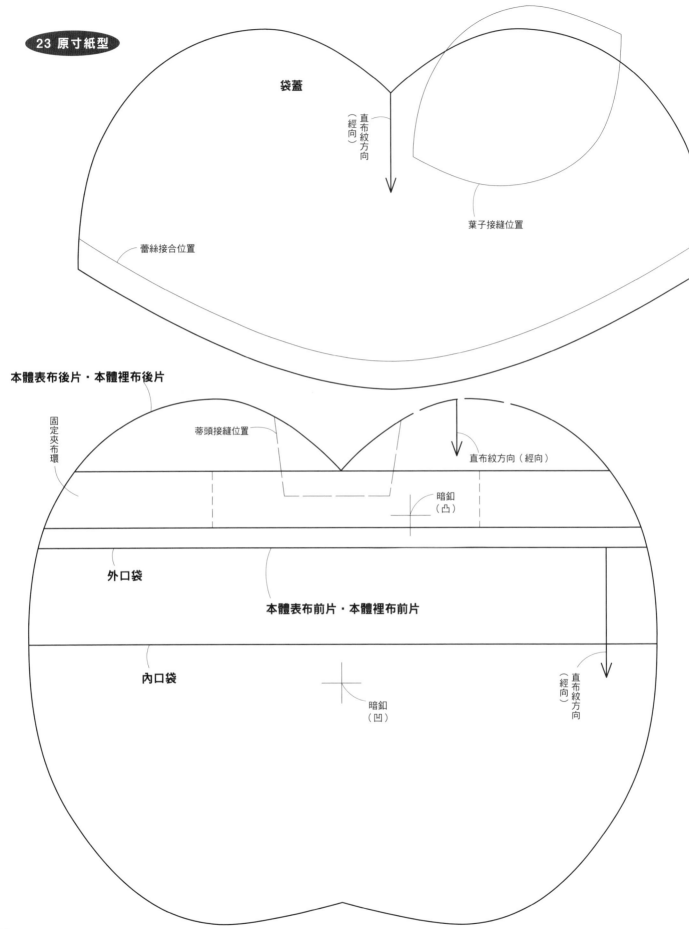

袋蓋

直布紋方向
（經向）

葉子接縫位置

蕾絲接合位置

本體表布後片・本體裡布後片

固定夾布環

蒂頭接縫位置

直布紋方向（經向）

暗釦
（凸）

外口袋

本體表布前片・本體裡布前片

內口袋

暗釦
（凹）

直布紋方向
（經向）

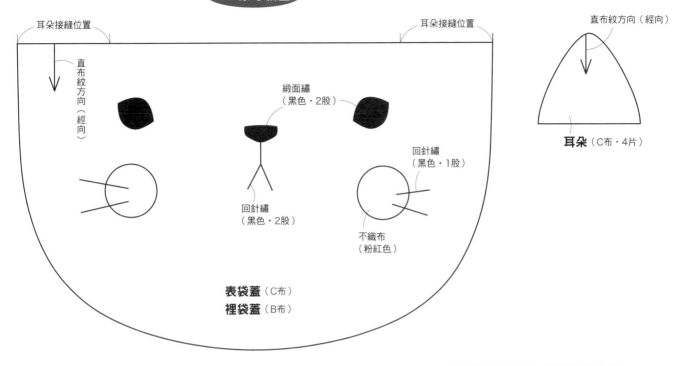

26 原寸紙型

耳朵接縫位置

直布紋方向（經向）

耳朵接縫位置

直布紋方向（經向）

耳朵（C布・4片）

緞面繡
（黑色・2股）

回針繡
（黑色・1股）

回針繡
（黑色・2股）

不織布
（粉紅色）

表袋蓋（C布）
裡袋蓋（B布）

＊貼布繡無需加上縫份，直接裁剪不織布即可。
＊以立針縫接縫不織布。
＊不織布無需加上縫份，直接裁剪即可。

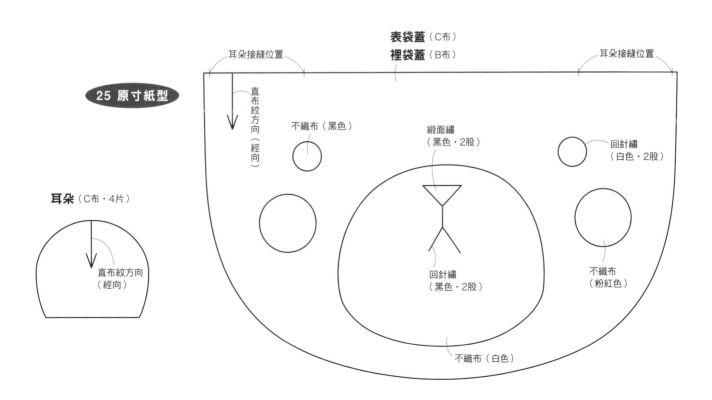

表袋蓋（C布）
裡袋蓋（B布）

耳朵接縫位置

耳朵接縫位置

25 原寸紙型

直布紋方向（經向）

不織布（黑色）

緞面繡
（黑色・2股）

回針繡
（白色・2股）

耳朵（C布・4片）

直布紋方向
（經向）

回針繡
（黑色・2股）

不織布
（粉紅色）

不織布（白色）

P.20 _ 24至26

24至26 共通材料（1個）
A布（印花棉布）寬20cm長25cm
B布（印花棉布）寬30cm長25cm
布襯 寬15cm長25cm
魔鬼氈 寬2.5cm長3.5cm
可動式收納包專用夾 2個

24 材料（熊貓）
C布（斜紋棉布）寬15cm長10cm
D布（素色木棉布）寬10cm長10cm
不織布（粉紅色）5cm×5cm
25號繡線（黑色・粉紅色）各少許
編織蕾絲 寬1cm長15cm

25 材料（熊熊）
C布（斜紋棉布）寬25cm長10cm
不織布（白色）8cm×7cm
不織布（粉紅色・黑色）各5cm×5cm
25號繡線（黑色・粉紅色・白色）各少許
織帶 寬1cm長15cm

26 材料（貓咪）
C布（斜紋棉布）寬25cm長10cm
不織布（粉紅色）5cm×5cm
25號繡線（黑色・粉紅色）各少許
編織蕾絲 寬1cm長15cm

＊在此記載的布料使用寬度與店家販售的
　布寬不同。
＊□中的數字為縫份寬度。除了特別指定
　處之外，裁布時皆請加上1cm縫份。
＊袋蓋・耳朵的原寸紙型・貼布繡圖案參
　見P.55・P.57。
＊刺繡針法參見P.32。

本體表布（A布・布襯 各1片）
本體裡布（B布・1片）

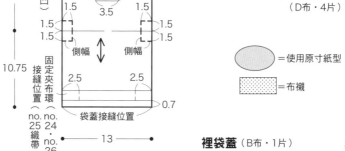

製圖

表袋蓋（C布・1片）
no.24

耳朵（C布・4片）
no.25

耳朵
（D布・4片）

表袋蓋（C布・1片）

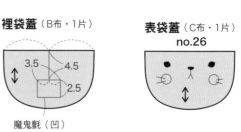

＝使用原寸紙型

＝布襯

耳朵
（C布・4片）

裡袋蓋（B布・1片）

3.5　4.5
2.5

魔鬼氈（凹）

表袋蓋（C布・1片）
no.26

作法

＊在本體表布背面燙貼布襯。
＊以no.24作法進行解說。

1 縫製本體。

0.1cm
魔鬼氈（凸）
布襯
①車縫。
本體表布（正面）
固定夾布環（蕾絲）
0.2cm
②車縫。
3cm
③在縫份上車縫固定。

③燙開縫份
本體表布（背面）
②車縫。
①對摺。
※本體裡布作法亦同。

①對齊底中央&脇邊線。
3cm
②車縫。
本體表布（背面）
※本體裡布作法亦同。

2 車縫固定本體表布&裡布。

①摺疊
1cm
本體裡布（背面）
0.3cm
④車縫。
②摺疊
本體表布（背面）
③對合側幅。
1cm

3 縫製袋蓋。

繡上五官。
表袋蓋（正面）

裡袋蓋（正面）
0.1cm
車縫。
魔鬼氈（凹）

表袋蓋（正面）
①車縫。
裡袋蓋（背面）
②在曲線處剪牙口。

表袋蓋（正面）
翻回正面。

4 縫製耳朵。

②在曲線處
剪牙口。

①車縫。

耳朵
（背面）

耳朵（正面）

→ 翻回正面。

耳朵（正面）

5 將耳朵接縫於本體。

表袋蓋（正面）

耳朵（正面）

①以疏縫線固定。

本體裡布（背面）

本體表布（背面）

②往上翻摺。

6 將本體表布套於本體裡布外並車縫。

②車縫。

本體表布（正面）

0.2cm

①套上本體表布。

③拆掉疏縫線。

7 裝上固定夾。

固定夾布環（正面）

本體表布（正面）

裝上固定夾。

完成！

no.24

約9cm

10cm

3cm

no.25

no.26

24 原寸紙型

*貼布繡請使用與不織布相同顏色的繡線，以立針縫合。
*不織布無需加上縫份，直接裁剪即可。

直布紋方向（經向）

耳朵（D布・4片）

耳朵接縫位置

耳朵接縫位置

直布紋方向（經向）

緞面繡（黑色・2股）

回針繡（黑色・2股）

不織布（粉紅色）

表袋蓋（C布）
裡袋蓋（B布）

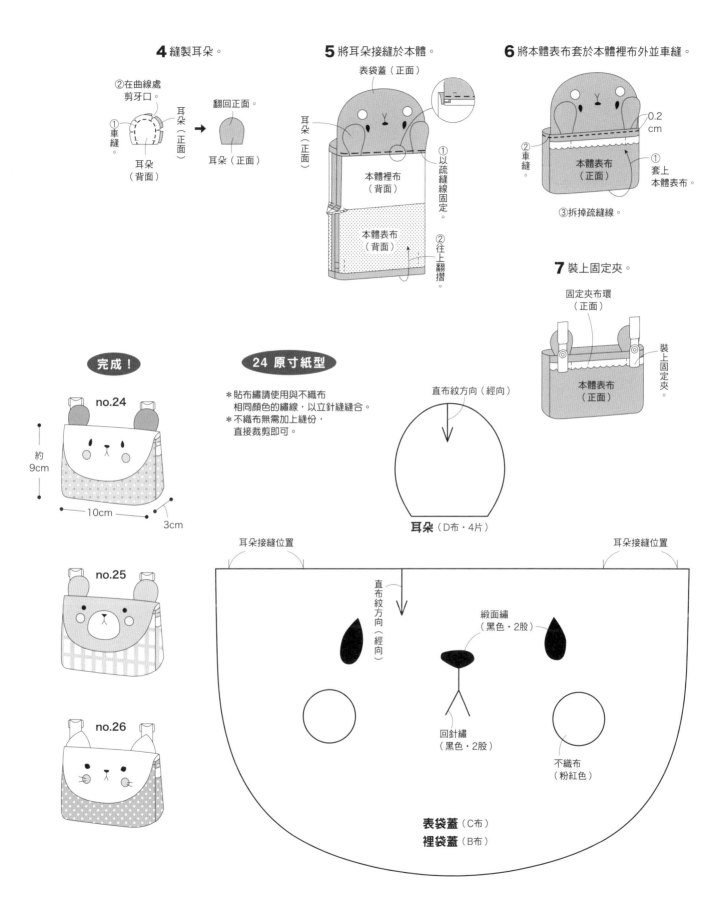

P.24 31·32

31 材料
A布（壓棉布）寬40cm長15cm
B布（印花棉布）寬85cm長20cm
C布（針織布）寬20cm長15cm
D布（棉質蕾絲）寬40cm長10cm
E布（毛呢棉布）寬10cm長10cm
磁釦 尺寸2cm 1組
可動式收納包專用夾 2個

32 材料
A布（針織布）寬40cm長15cm
B布（印花棉布）寬105cm長20cm
C布（印花棉布）寬20cm長15cm
棉襯 寬40cm長15cm
織帶 寬1cm長8cm
磁釦 尺寸2cm 1組
可動式收納包專用夾 2個

＊在此記載的布料使用寬度與店家
　販售的布寬不同。
＊□中的數字為縫份寬度。除了特
　別指定處之外，裁布時皆請加上
　1cm縫份。
＊原寸紙型參見P.60・P.61。

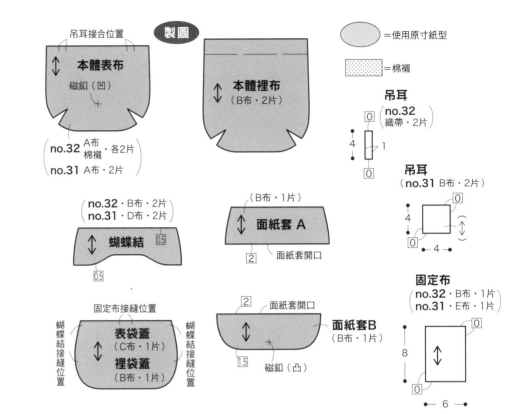

製圖

⬭ ＝使用原寸紙型

▨ ＝棉襯

吊耳接合位置
本體表布
磁釦（凹）

本體裡布
（B布・2片）

吊耳
（no.32 織帶・2片）

吊耳
（no.31 B布・2片）

no.32 A布
棉襯・各2片
no.31 A布・2片

（no.32・B布・2片）
（no.31・D布・2片）
蝴蝶結 0.5
0.5

（B布・1片）
面紙套 A
面紙套開口

固定布接縫位置
蝴蝶結接縫位置
表袋蓋（C布・1片）
裡袋蓋（B布・1片）
蝴蝶結接縫位置

面紙套開口
面紙套B（B布・1片）
磁釦（凸）

固定布
（no.32・B布・1片）
（no.31・E布・1片）

作法 ＊在no.32本體表布背面燙貼棉襯。

1 製作＆接縫蝴蝶結。

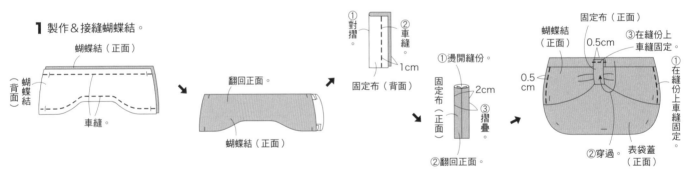

蝴蝶結（正面）
蝴蝶結（背面）
車縫。
翻回正面。
蝴蝶結（正面）

①對摺。
②車縫。
1cm
固定布（背面）

①燙開縫份。
固定布（正面）
2cm
③摺疊。
②翻回正面。

蝴蝶結（正面）
固定布（正面）
0.5cm
③在縫份上車縫固定。
0.5cm
②穿過。
表袋蓋（正面）
①在縫份上車縫固定。

2 縫製面紙套。

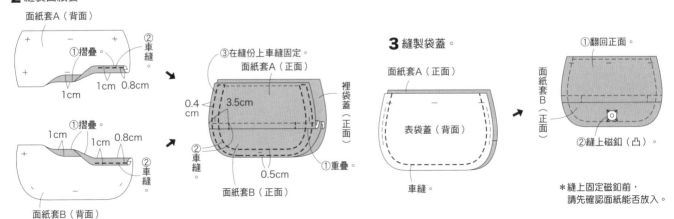

面紙套A（背面）
①摺疊。
②車縫。
1cm 1cm 0.8cm

面紙套B（背面）
①摺疊。
②車縫。
1cm 1cm 0.8cm

③在縫份上車縫固定。
面紙套A（正面）
0.4cm 3.5cm
裡袋蓋（正面）
②車縫。
①重疊。
0.5cm
面紙套B（正面）

3 縫製袋蓋。

面紙套A（正面）
表袋蓋（背面）
車縫。

①翻回正面。
面紙套B（正面）
②縫上磁釦（凸）。

＊縫上固定磁釦前，
　請先確認面紙能否放入。

4 縫製本體表布。

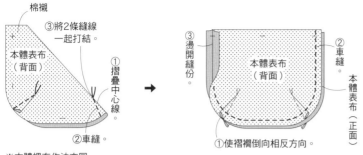

棉襯
③將2條縫線一起打結。
本體表布（背面）
①摺疊中心線。
②車縫。

※本體裡布作法亦同。
※no.31＆本體裡布不需燙貼布襯。

③燙開縫份。
本體表布（背面）
②車縫。
本體表布（正面）
①使褶襇倒向相反方向。

5 縫製本體裡布。

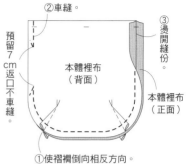

②車縫。
預留7cm返口不車縫。
本體裡布（背面）
③燙開縫份。
本體裡布（正面）
①使褶襇倒向相反方向。

6 製作吊耳（僅no.31）。

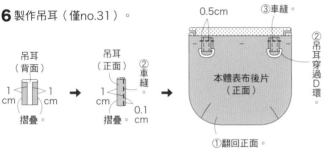

吊耳（背面）
1cm　1cm
摺疊。

吊耳（正面）
②車縫。
1cm
摺疊。
0.1cm

0.5cm
③車縫。
②吊耳穿過D環。
本體表布後片（正面）
①翻回正面。

7 接縫袋蓋。

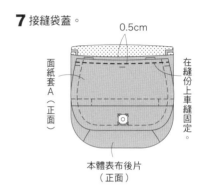

0.5cm
面紙套A（正面）
在縫份上車縫固定。
本體表布後片（正面）

8 將本體表布放入本體裡布中＆車縫袋口。

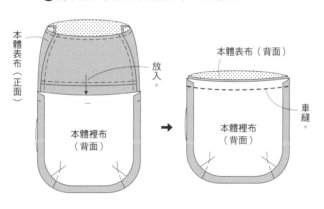

本體表布（正面）
放入。
本體裡布（背面）

本體表布（背面）
本體裡布（背面）
車縫

9 將本體裡布翻回正面＆進行藏針縫。

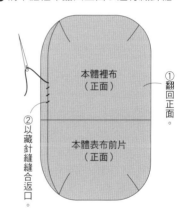

本體裡布（正面）
①翻回正面。
②以藏針縫縫合返口。
本體表布前片（正面）

10 重新摺疊袋口＆車縫。

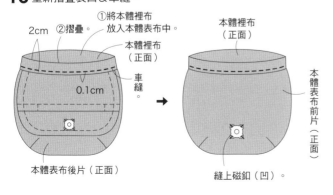

2cm
②摺疊。
①將本體裡布放入本體表布中。
本體裡布（正面）
車縫。
0.1cm
本體表布後片（正面）

本體裡布（正面）
本體表布前片（正面）
縫上磁釦（凹）。

11 裝上固定夾。

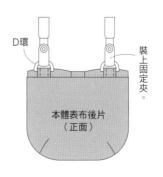

D環
裝上固定夾。
本體表布後片（正面）

完成！

約12.5cm
約15.5cm

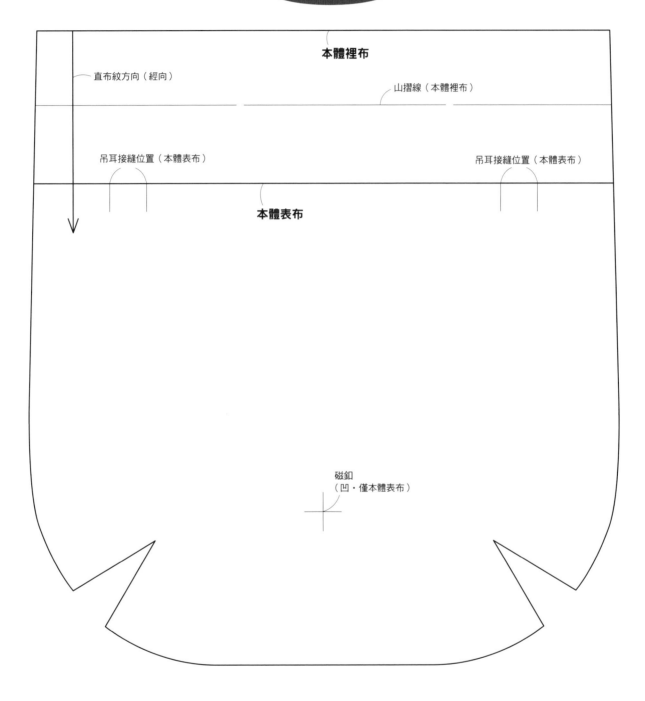

31 · 32 原寸紙型

本體裡布

直布紋方向（經向）

山摺線（本體裡布）

吊耳接縫位置（本體表布）   吊耳接縫位置（本體表布）

本體表布

磁釦
（凹・僅本體表布）

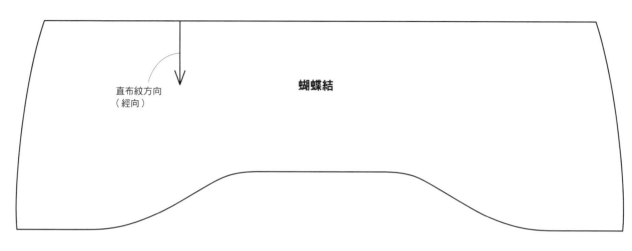

31・32 原寸紙型

蝴蝶結

直布紋方向
（經向）

表袋蓋・裡袋蓋

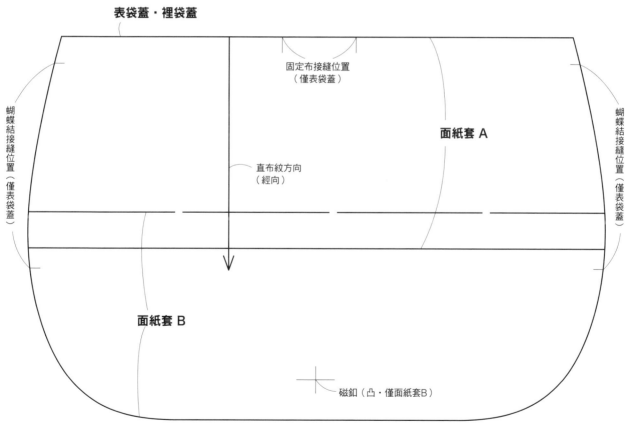

固定布接縫位置
（僅表袋蓋）

面紙套 A

蝴蝶結接縫位置（僅表袋蓋）

蝴蝶結接縫位置（僅表袋蓋）

直布紋方向
（經向）

面紙套 B

磁釦（凸・僅面紙套B）

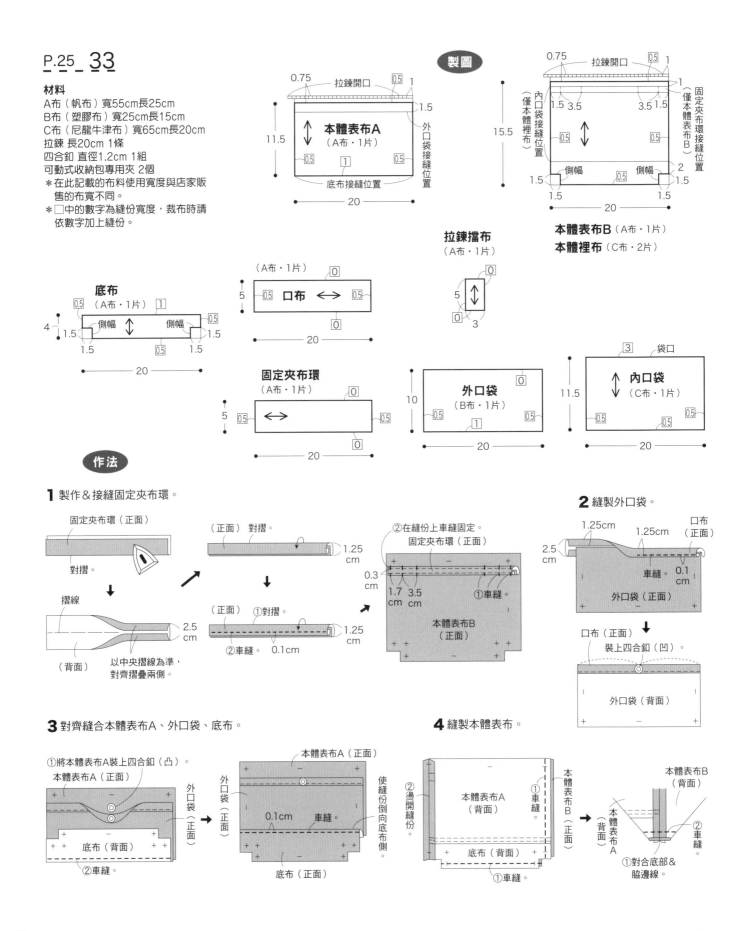

5 製作＆接縫內口袋。

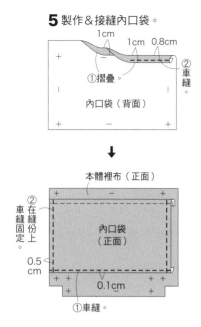

1cm
1cm 0.8cm
①摺疊。
②車縫。
內口袋（背面）

↓

本體裡布（正面）
②在縫份上車縫固定。
內口袋（正面）
0.5cm
0.1cm
①車縫。

6 縫製本體裡布。

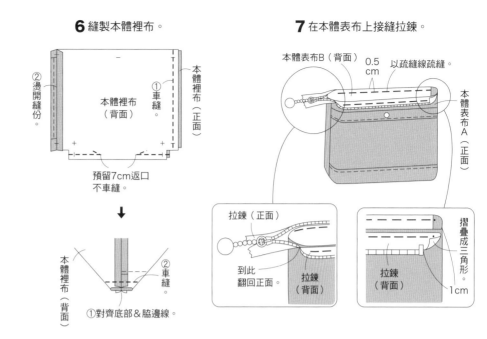

②燙開縫份。
本體裡布（背面）
①車縫。
本體裡布（正面）

預留7cm返口不車縫。

↓

本體裡布（背面）
②車縫。
①對齊底部＆脇邊線。

7 在本體表布上接縫拉鍊。

本體表布B（背面）
0.5cm
以疏縫線疏縫。
本體表布A（正面）

拉鍊（正面）
到此翻回正面。
拉鍊（背面）

摺疊成三角形。
拉鍊（背面）
1cm

8 將本體表布放入本體裡布中＆車縫袋口。

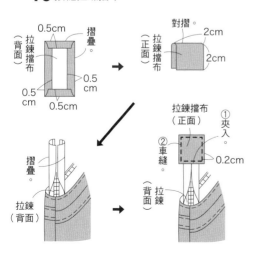

本體表布（正面）
本體裡布（背面）
放入

↓

本體表布（背面）
②拆掉疏縫線。
①車縫。
本體裡布（背面）

9 將本體裡布翻回正面＆進行藏針縫。

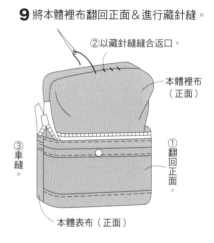

②以藏針縫縫合返口。
本體裡布（正面）
③車縫。
①翻回正面。
本體表布（正面）

10 接縫拉鍊擋布。

0.5cm
拉鍊擋布（背面）
摺疊。
0.5cm
0.5cm
0.5cm

→

對摺。
拉鍊擋布（正面）
2cm
2cm

↓

摺疊
拉鍊（背面）

→

拉鍊擋布（正面）
①夾入。
②車縫。
0.2cm
拉鍊（背面）

11 裝上固定夾。

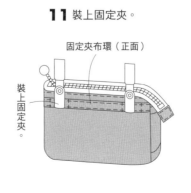

固定夾布環（正面）
裝上固定夾。

完成！

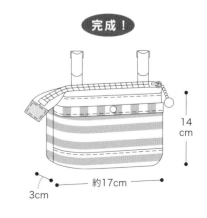

14cm
約17cm
3cm

P.26 34·35

34 材料
A布（11號帆布）寬65cm長20cm
B布（麻布）寬45cm長20cm
C布（印花棉布）寬20cm長20cm
D布（尼龍塔夫綢）寬25cm長35cm
布襯 寬65cm長20cm
四合釦 直徑1.15cm1組
可動式收納包專用夾 2個

35 材料
A布（麻布）寬65cm長20cm
B布（麻布）寬45cm長20cm
C布（印花棉布）寬20cm長20cm
D布（尼龍塔夫綢）寬25cm長35cm
布襯 寬65cm 20cm
四合釦 直徑1.15cm 1組
可動式收納包專用夾 2個

＊在此記載的布料使用寬度與店家販售的布寬不同。
＊□中的數字為縫份寬度。除了特別指定處之外，裁布時皆請加上1cm縫份。
＊曲線處的原寸紙型參見P.37。

製圖

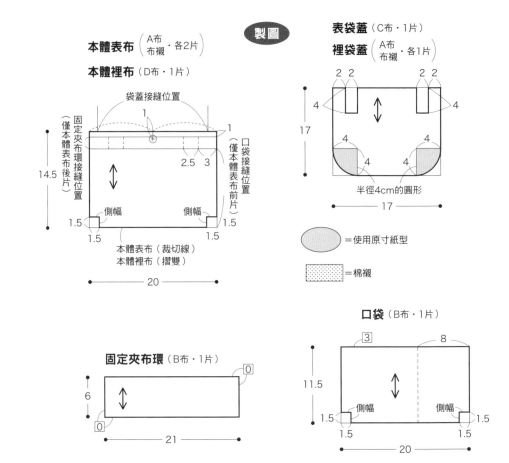

=使用原寸紙型

=棉襯

作法

＊在本體表布＆裡袋蓋背面燙貼布襯。

1 縫製袋蓋。

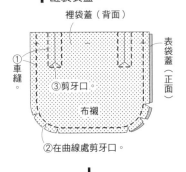

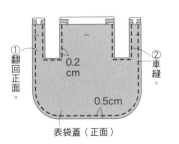

2 製作＆接縫口袋。

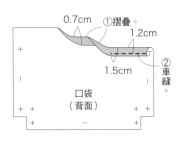

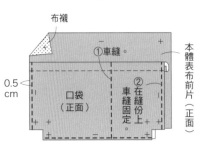

3 製作＆接縫固定夾布環。

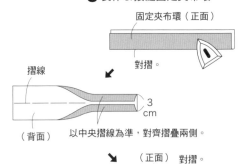

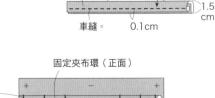

4 縫製本體表布。

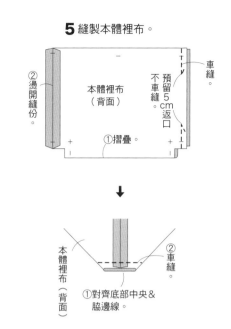

②燙開縫份

本體表布後片（背面）

本體表布前片（正面）

①車縫。

本體表布（背面）

②車縫。

①對齊底部＆脇邊線。

5 縫製本體裡布。

②燙開縫份

本體裡布（背面）

車縫。

預留5cm不車縫返口

①摺疊。

本體裡布（背面）

②車縫。

①對齊底部中央＆脇邊線。

6 在本體表布後片接縫袋蓋。

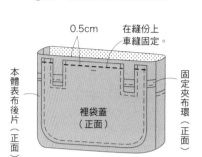

0.5cm

在縫份上車縫固定。

本體表布後片（正面）

裡袋蓋（正面）

固定夾布環（正面）

7 將本體表布放入本體裡布中＆車縫袋口。

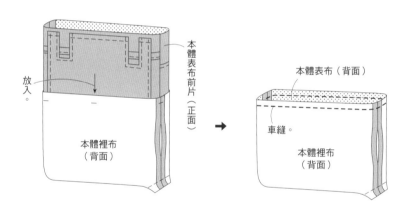

放入。

本體表布前片（正面）

本體裡布（背面）

本體表布（背面）

車縫。

本體裡布（背面）

8 將本體裡布翻回正面，以藏針縫縫合返口。

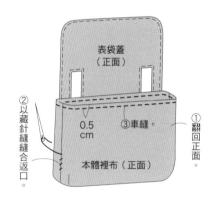

表袋蓋（正面）

②以藏針縫縫合返口。

0.5cm

③車縫。

①翻回正面。

本體裡布（正面）

9 將本體表布翻回正面，裝上四合釦。

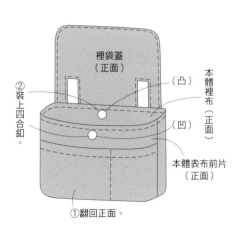

裡袋蓋（正面）

②裝上四合釦。

（凸）

本體裡布（正面）

（凹）

本體表布前片（正面）

①翻回正面。

10 裝上固定夾。

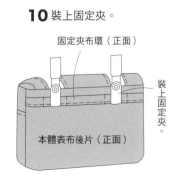

固定夾布環（正面）

裝上固定夾。

本體表布後片（正面）

完成！

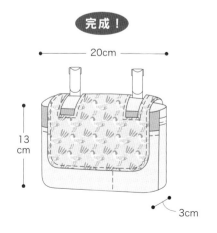

20cm

13cm

3cm

36 材料
A布（麻布）寬55cm長30cm
B布（斜紋棉布）寬20cm長5cm
C布（麻布）寬35cm長45cm
皮帶 寬1cm長150cm
問號鉤 3個
單面鉚釘 直徑0.9cm 4組
磁釦 尺寸1.5cm 1組
可動式收納包專用夾 2個
人字織帶 寬1cm 10cm
D環 寬1.2cm 2個

37 材料
A布（印花棉布）寬35cm長30cm
B布（素色木棉布）寬35cm長15cm
C布（印花棉布）寬20cm長45cm
D布（印花棉布）寬20cm長20cm
皮帶 寬1cm長50cm
問號鉤 3個
單面鉚釘 直徑0.9cm 4個
磁釦 尺寸1.5cm 1組
可動式收納包專用夾 2個
人字織帶 寬1cm 10cm
D環 寬1.2cm 2個

＊在此記載的布料使用寬度與店家販售的布寬不同。
＊□中的數字為縫份寬度。除了特別指定處之外，裁布時皆請加上1cm縫份。

製圖

持手吊耳接縫位置（後片）

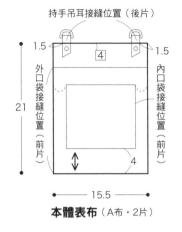
外口袋接縫位置（前片）
內口袋接縫位置（前片）
21
4
4
15.5
本體表布（A布·2片）

1.5　1.5

1.5
問號鉤布環接縫位置（後片）
22
本體裡布（C布·1片）
15.5
底布摺雙

問號鉤吊耳（人字織帶）
0
7
1
0
問號鉤

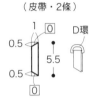
持手吊耳（皮帶·2條）
1
0
0.5
5.5
D環
0.5
0

底（B布·2片）
2
15.5

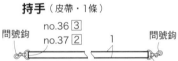
持手（皮帶·1條）
問號鉤　no.36 ③　no.37 ②
1
問號鉤
no.36 133　no.36 ③
no.37 34　no.37 ②

內口袋
（no.36·C布·1片）
（no.37·B布·1片）
2
10.5
3
12

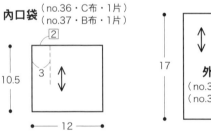
外口袋
（no.36·A布·1片）
（no.37·D布·1片）
2
17
15.5

作法

1 縫製本體裡布。

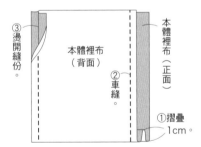
③燙開縫份。
本體裡布（背面）
本體裡布（正面）
②車縫
①摺疊1cm。

2 製作並接縫內＆外口袋。

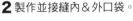
①摺疊。
1cm
0.8cm
1cm
②車縫
內口袋（背面）
※外口袋作法亦同。

本體表布前片（正面）
內口袋（正面）
車縫
0.1cm

3 將本體表布接縫上底布。

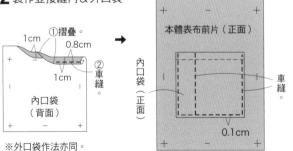
本體表布前片（正面）
外口袋（正面）
①重疊外口袋&底布。
②車縫。
底布（背面）

本體表布前片（正面）
本體表布後片（背面）
外口袋（正面）
車縫。
底布（正面）

4 縫製本體表布。

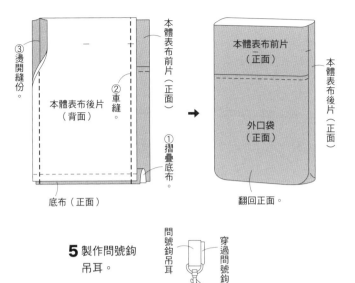

③燙開縫份。

本體表布後片（背面）

②車縫。

本體表布前片（正面）

①摺疊底布。

底布（正面）

本體表布前片（正面）

外口袋（正面）

本體表布後片（正面）

翻回正面。

5 製作問號鉤吊耳。

問號鉤吊耳

穿過問號鉤。

6 將本體裡布放入本體表布中，夾入問號鉤吊耳＆車縫袋口。

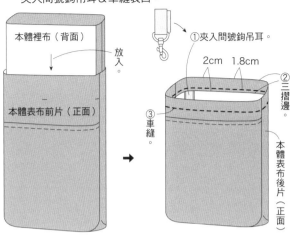

本體裡布（背面）

放入。

本體表布前片（正面）

①夾入問號鉤吊耳。

2cm　1.8cm

②三摺邊。

③車縫。

本體表布後片（正面）

7 在持手吊耳上打洞，以便裝入單面鉚釘。

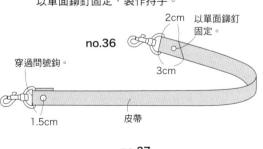

木槌

打洞圓斬

皮帶

橡膠板

不織布

持手吊耳

0.5cm　0.5cm

打圓洞。

8 將持手吊耳裝上單面鉚釘。

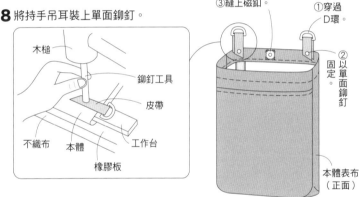

木槌

鉚釘工具

皮帶

不織布　本體　工作台

橡膠板

③縫上磁釦。

①穿過D環。

②以單面鉚釘固定。

本體表布（正面）

9 在皮帶上打洞後穿過問號鉤，以單面鉚釘固定，製作持手。

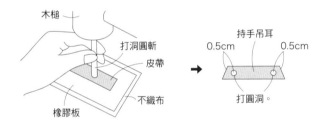

no.36

穿過問號鉤。

2cm

以單面鉚釘固定。

3cm

1.5cm

皮帶

no.37

穿過問號鉤。　1.5cm

以單面鉚釘固定。

1.5cm　穿過問號鉤。

2cm　皮帶　2cm

10 裝上固定夾。

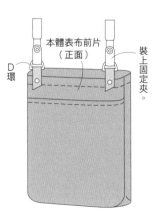

D環

本體表布前片（正面）

裝上固定夾。

完成！

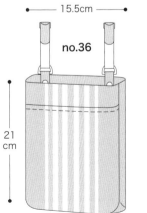

15.5cm

no.36

21cm

2cm

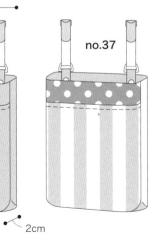

no.37

材料
A布（11號帆布）寬70cm長40cm
B布（11號帆布）寬30cm長10cm
四合釦 直徑1.15cm 1組
人字織帶 寬2cm長50cm
可動式收納包專用夾 2個
布標 1片
＊在此記載的布料使用寬度與店家販售的布寬不同。
＊□中的數字為縫份寬度。除了特別指定處之外，裁布時皆請加上1cm縫份。

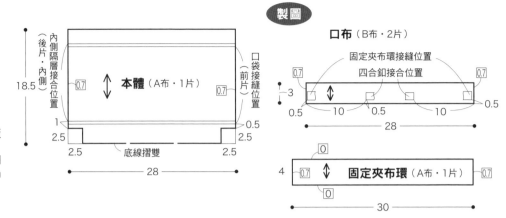

製圖

口布（B布・2片）
固定夾布環接縫位置
四合釦接合位置

固定夾布環（A布・1片）

本體（A布・1片）

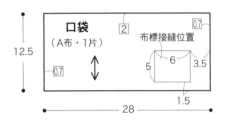

口袋（A布・1片）
布標接縫位置

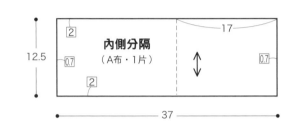

內側分隔（A布・1片）

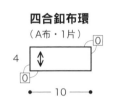

四合釦布環（A布・1片）

作法

1 製作＆接縫口袋。

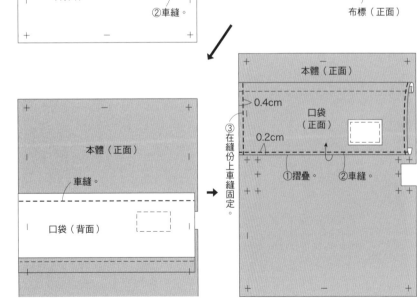

2 製作＆接縫內側隔層。

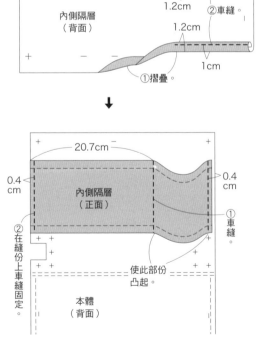

3 製作固定夾布環&四合釦布環。

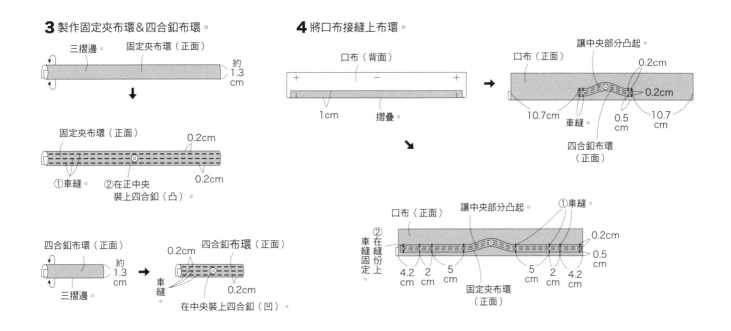

三摺邊。　固定夾布環（正面）

約1.3cm

固定夾布環（正面）

0.2cm
0.2cm

①車縫。　②在正中央
裝上四合釦（凸）。

四合釦布環（正面）

約1.3cm

三摺邊。

0.2cm
四合釦布環（正面）

車縫。
0.2cm

在中央裝上四合釦（凹）。

4 將口布接縫上布環。

口布（背面）

＋　－　＋

1cm　摺疊。

讓中央部分凸起。

口布（正面）
0.2cm
0.2cm

10.7cm　車縫。　0.5cm　10.7cm

四合釦布環
（正面）

口布（正面）　讓中央部分凸起。　①車縫。

②車縫在縫份上固定

0.2cm
0.5cm

4.2cm　2cm　5cm　固定夾布環（正面）　5cm　2cm　4.2cm

5 在本體接縫口布。

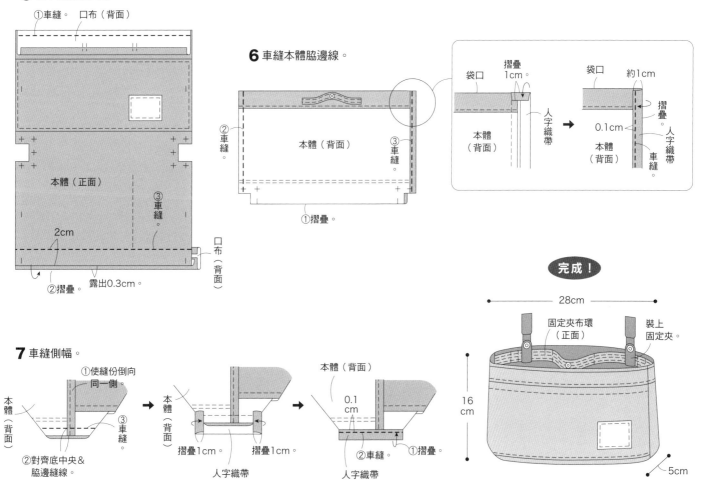

①車縫。　口布（背面）

本體（正面）

2cm

③車縫。

②摺疊。　露出0.3cm。

口布（背面）

6 車縫本體脇邊線。

②車縫

本體（背面）

③車縫

①摺疊。

袋口　摺疊1cm。

本體（背面）　人字織帶

袋口　約1cm　摺疊

0.1cm　人字織帶

本體（背面）　車縫。

7 車縫側幅。

①使縫份倒向同一側

本體（背面）

③車縫。

②對齊底中央&脇邊縫線。

本體（背面）

摺疊1cm。　摺疊1cm。

人字織帶

本體（背面）

0.1cm

②車縫。

①摺疊。

人字織帶

完成！

28cm

固定夾布環（正面）　裝上固定夾。

16cm

5cm

P.30_ 39

材料
A布（11號帆布）寬55cm長50cm
B布（11號帆布）寬25cm長10cm
四合釦 直徑1.15cm 1組
人字織帶 寬2cm長60cm
可動式收納包專用夾 2個
布標 1片
＊在此記載的布料使用寬度與店家
　販售的布寬不同。
＊□中的數字為縫份寬度。除了特
　別指定處之外，裁布時皆請加上
　1cm縫份。

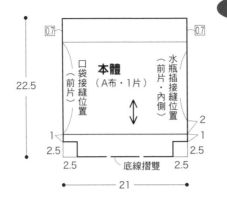

本體（A布・1片）
口袋接縫位置（前片）
水瓶插接縫位置（前片・內側）
0.7　0.7
22.5
2.5　2.5
1　1
2
21
底線摺雙

製圖

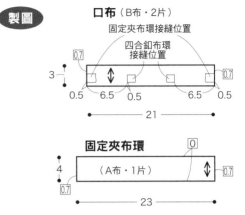

口布（B布・2片）
固定夾布環接縫位置
四合釦布環接縫位置
0.7　0.7
3
0.5　6.5　0.5　6.5　0.5
21

固定夾布環（A布・1片）
0
0.7
4
0.7
23

水瓶插（A布・1片）
11
2　2
0.7　0.7
26

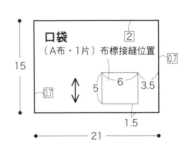

口袋（A布・1片）布標接縫位置
15
2
0.7
0.7
5　6　3.5
1.5
21

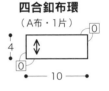

四合釦布環（A布・1片）
4
0　0
10

作法

1 製作＆接縫口袋。

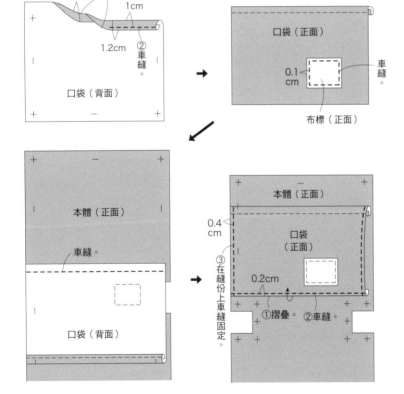

0.8cm　①摺疊。
1cm
1.2cm　②車縫。
口袋（背面）

口袋（正面）
0.1cm
車縫。
布標（正面）

本體（正面）
車縫。
口袋（背面）

本體（正面）
0.4cm
口袋（正面）
0.2cm
③在縫份上車縫固定。
①摺疊。　②車縫。

2 製作＆接縫水瓶插。

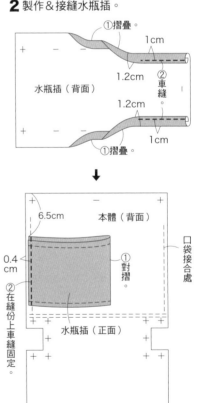

①摺疊。
1cm
1.2cm　②車縫
水瓶插（背面）
1.2cm
①摺疊。　1cm

6.5cm　本體（背面）
0.4cm
①對摺。
②在縫份上車縫固定。
水瓶插（正面）
口袋接合處

3 製作固定夾布環＆四合釦布環。

四合釦布環
（正面）
約 1.3cm
三摺邊。

0.2cm
①車縫。
四合釦布環（正面）
0.2cm
②在中間裝上四合釦（凹）。

三摺邊。
固定夾布環（正面）
約1.3cm

固定夾布環（正面）
0.2cm
0.2cm
①車縫。
②在正中央裝上四合釦（凸）。

4 將固定布接縫於口布上。

口布（背面）
＋　　－　　＋
1cm
摺疊。

使中央部分凸起。
四合釦布環（正面）
0.2cm
＋　　　　　＋
口布（正面）
車縫
0.3cm

使中央部分凸起。
2cm
四合釦布環（正面）
0.2cm
2~3cm
②在縫份上車縫固定。
3.7cm
口布（正面）
①車縫

5 將口布接縫於本體上。

①車縫。
口布（背面）

本體（正面）

2cm
③車縫。
②摺疊。
露出0.3cm。
口布（背面）

6 車縫本體脇邊線。

②車縫。
本體（背面）
③車縫。
①摺疊。
口布（背面）

袋口
摺疊 1cm。
本體（背面）
人字織帶

袋口
約1cm
摺疊。
0.1cm
本體（背面）
人字織帶
車縫。

7 車縫側幅。

使縫份倒向同一側。
本體（背面）
①對齊底中央＆脇邊。

本體（背面）
摺疊1cm　摺疊1cm
人字織帶

本體（背面）
0.1cm
人字織帶　車縫

完成！

21cm
固定夾布環（正面）
裝上固定夾。
20cm
5cm

27 材料
表布（防水加工木棉布）寬30cm長30cm
織帶 寬1.1cm長15cm
布標 1片
安全別針（全長5.5cm）1個

28 材料（熊貓）
表布（防水加工木棉布）寬30cm長30cm
織帶 寬0.7cm長15cm
布標 1片
安全別針（全長5.5cm）1個

29 材料（熊熊）
表布（防水加工木棉布）寬30cm長30cm
織帶 寬0.5cm長15cm
安全別針（全長5.5cm）1個
燙貼繡片 1個

30 材料（貓咪）
表布（防水加工木棉布）寬30cm長30cm
水兵帶 寬0.3cm 寬15cm
鈕釦 直徑1.15cm 2個
安全別針（全長5.5cm）1個

＊在此記載的布料使用寬度與店家販售的布寬
　不同。
＊□中的數字為縫份寬度。除了特別指定處之
　外，裁剪時皆請加上1cm縫份。
＊防水加工布的處理方式參見P.32。

2 在本體A上接縫吊耳＆車縫
　　面紙套開口。

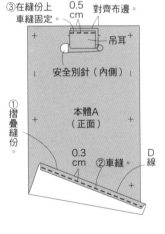

3 在本體B的面紙套開口
　　疊上織帶＆車縫。

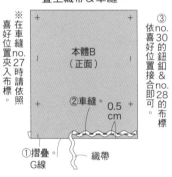

7 翻回正面＆翻摺G線。

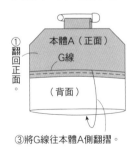

吊耳接縫位置

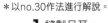

本體A
（表布・1片）

26
A
B
9
C
5
D
面紙套開口
0.5
13

製圖

本體B
（表布・1片）

17
E
F
5
G
面紙套開口
0.5
13

吊耳（表布・1片）

0
4
0
7.5

作法

＊以no.30作法進行解說。

1 縫製吊耳。

吊耳（背面）
畫線。

吊耳（背面）
對齊中線
摺疊兩側。

對摺＆夾入
安全別針。

正面 吊耳 正面
2cm
3.75cm

4 摺疊本體A。

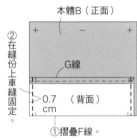

5 摺疊本體B。

本體B（正面）
G線
②在縫份上車縫固定。
0.7cm（背面）
①摺疊F線。

6 重疊本體A＆B，裁剪邊角後車縫。

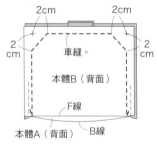

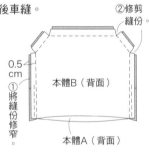

no.30
12cm
鈕釦
13cm

no.27
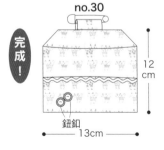
布標

no.28
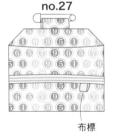
布標

no.29

燙貼繡片

完成！

■ 輕・布作 33

Free Style！手作 39 款可動式收納包
看波奇包秒變小腰包、包中包、小提包、斜背包……方便又可愛！

授　　權／BOUTIQUE-SHA
譯　　者／周欣芃
發 行 人／詹慶和
總 編 輯／蔡麗玲
執行編輯／陳姿伶
編　　輯／蔡毓玲・劉蕙寧・黃璟安・白宜平・李佳穎
封面設計／翟秀美
美術編輯／陳麗娜・周盈汝・韓欣恬
內頁排版／造極
出 版 者／Elegant-Boutique新手作
發 行 者／悅智文化事業有限公司　　郵政劃撥帳號／19452608
戶　　名／悅智文化事業有限公司
地　　址／新北市板橋區板新路206號3樓
網　　址／www.elegantbooks.com.tw
電子郵件／elegant.books@msa.hinet.net　　電 話／(02)8952-4078
傳　　真／(02)8952-4084

2016年4月初版一刷　定價280元

Lady Boutique Series No.4056
HANDMADE NO IDO POCKET
Copyright © 2015 Boutique-sha, Inc.
All rights reserved.
Original Japanese edition published in Japan by BOUTIQUE-SHA.
Chinese (in complex character) translation rights arranged with BOUTIQUE-SHA.
through KEIO CULTURAL ENTERPRISE CO., LTD.

經銷／高見文化行銷股份有限公司
地址／新北市樹林區佳園路二段70-1號
電話／0800-055-365　　傳真／（02）2668-6220

國家圖書館出版品預行編目(CIP)資料

Free Style!手作39款可動式收納包：看波奇包秒變
小腰包、包中包、小提包、斜背包......方便又可愛! /
BOUTIQUE-SHA著；周欣芃譯. -- 初版. -- 新北市：
新手作出版：悅智文化發行, 2016.04
　　面；　公分. -- (輕.布作；33)
ISBN 978-986-92735-2-7(平裝)

1.手提袋 2.手工藝

426.7　　　　　　　　　　105002554

Elegantbooks
以閱讀，享受幸福生活

輕・布作 06

簡單×好作！自己作365天都好穿的手作裙
BOUTIQUE-SHA◎著
定價280元

輕・布作 07

自己作防水手作包&布小物
BOUTIQUE-SHA◎著
定價280元

輕・布作 08

不用轉彎！直直車下去就對了！
直線車縫就上手的手作包
BOUTIQUE-SHA◎著
定價280元

輕・布作 09

人氣No.1！初學者最想作的手作布錢包A+：一次學會短夾、長夾、立體造型、L型、雙拉鍊、肩背式錢包！
日本Vogue社◎著
定價300元

輕・布作 10

家用縫紉機OK！自己作不退流行的帆布手作包
赤峰清香◎著
定價300元

輕・布作 11

簡單作×開心縫！手作異想熊裝可愛
異想熊・KIM◎著
定價350元

輕・布作 12

手作市集超夯布作全收錄！
簡單作可愛&實用的超人氣布小物232款
主婦與生活社◎著
定價320元

輕・布作 13

Yuki教你作34款Q到不行的不織布雜貨
不織布就是裝可愛！
YUKI◎著
定價300元

輕・布作 14

一次解決縫紉新手的入門難題：每日外出包×布作小物×手作服＝29枚實作練習初學手縫布作的最強聖典！
高橋惠美子◎著
定價350元

輕・布作 15

手縫OK的可愛小物：55個零碼布驚喜好點子
BOUTIQUE-SHA◎著
定價280元

輕・布作 16

零碼布×簡單作──繽紛手縫系可愛娃娃
I Love Fabric Dolls法布多的手作遊戲
王美芳・林詩齡・傅琪珊◎著
定價280元

輕・布作 17

女孩的小優雅・手作口金包
BOUTIQUE-SHA◎著
定價280元

輕・布作 18

點點・條紋・格子(暢銷增訂版)
小白◎著
定價350元

輕・布作 19

可愛ㄋㄟ！半天完成の棉麻手作包×錢包×布小物
BOUTIQUE-SHA◎著
定價280元

輕・布作 20

自然風穿搭最愛の39個手作包──點點・條紋・印花・素色・格紋
BOUTIQUE-SHA◎著
定價280元

雅書堂 ⅢⅢ 新手作

雅書堂文化事業有限公司
22070新北市板橋區板新路206號3樓
facebook 粉絲團:搜尋 雅書堂
部落格 http://elegantbooks2010.pixnet.net/blog
TEL:886-2-8952-4078 · FAX:886-2-8952-4084

輕·布作 21

超簡單×超有型-自己作日日都
好背的大布包35款
BOUTIQUE-SHA◎著
定價280元

輕·布作 22

零碼布裝可愛!超可愛小布包
×雜貨飾品×布小物──
最實用手作提案CUTE.90
BOUTIQUE-SHA◎著
定價280元

輕·布作 23

俏皮&可愛·so sweet!愛上零
碼布作的41個手縫布娃娃
BOUTIQUE-SHA◎著
定價280元

輕·布作 24

簡單×好作·初學35枚和風布
花設計
福清◎著
定價280元

輕·布作 25

從基本款開始學作61款手作包
自己輕鬆作簡單&可愛的收納包
BOUTIQUE-SHA◎著
定價280元

輕·布作 26

製作技巧大破解!一作就愛上的
可愛口金包
日本ヴォーグ社◎授權
定價320元

輕·布作 28

實用滿分·不只是裝可愛!
肩背&手提ok的大容量口金包
手作提案30選
BOUTIQUE-SHA◎授權
定價320元

輕·布作 29

超圖解!個性&設計感十足的94
枚可愛布作徽章×別針×胸花
×小物
BOUTIQUE-SHA◎授權
定價280元

輕·布作 30

簡單·可愛·超開心手作!
袖珍包兒×雜貨的迷你布作小
世界
BOUTIQUE-SHA◎授權
定價280元

輕·布作 31

BAG & POUCH·新手簡單作!
一次學會25件可愛布包&波奇
小物包
日本ヴォーグ社◎授權
定價300元

輕·布作 32

簡單才是經典!自己作35款開心
背著走的手作布
BOUTIQUE-SHA◎授權
定價280元